韩式
精选长毛衣

谭阳春 主编

辽宁科学技术出版社
·沈阳·

本书编委会

主　编　谭阳春

编　委　王艳青　李玉栋　贺梦瑶　左金阳　郑云勇

图书在版编目（CIP）数据

韩式精选长毛衣/谭阳春主编. —沈阳：辽宁科学技术出
版社，2010.10

ISBN 978-7-5381-6456-5

I. ①韩… II. ①谭… III. ①绒线—服装—编织—图

集　IV. ①TS941.763-64

中国版本图书馆CIP数据核字（2010）第171682号

出版发行：辽宁科学技术出版社
　　　　　（地址：沈阳市和平区十一纬路29号　邮编：110003）
印　刷　者：湖南新华精品印务有限公司
经　销　者：各地新华书店
幅面尺寸：200 mm × 225 mm
印　　张：8.5
字　　数：50千字
出版时间：2010年10月第1版
印刷时间：2010年10月第1次印刷
责任编辑：众　合
封面设计：天闻·尚视文化
版式设计：天闻·尚视文化
责任校对：合　力

书　　号：ISBN 978-7-5381-6456-5
定　　价：28.00元

联系电话：024-23284367
邮购热线：024-23284502
E-mail:lnkjc@126.com
http://www.lnkj.com.cn
本书网址：www.lnkj.cn/uri.sh/6456

目 录 CONTENTS

编织前必学的入门知识

编制一个作品前，要计算出与样式和织片规格有关的针数和行数。针数和行数取决于直线、斜线、曲线等编织方式。

计算织片规格：$10cm^2$：30 针 × 40 行

直线平面的计算方法

横向长度（cm）×1cm 的织片规格针数 = 起始针数（有折边针的时候要再加 2 针）；竖向长度（cm）×1cm 的织片规格行数 = 编织行数

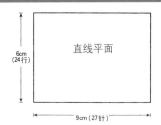

6cm（24行）

9cm（27针）

直线平面

例：横向 9cm × 3 针 =27 针（有折边针的时候要再加 2 针）←起始针数
　　竖向 6cm × 4 行 =24 行←编织行数

圆领的计算方法

使用曲线针数。

10针（4、3、2、1）15针（5、4、3、2、1）
21针（6、5、4、3、2、1）

总针数 ×1/4= 中心收针数

$$\frac{总针数 - 中心收针数}{2} = 曲线针数$$

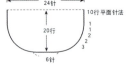

24针

20行

6针

10行平面针法
1
2
3

例：24 针 × （1/4）=6 针（中心收针数）
　　（24 针 -6 针）÷2=9 针（3、2、2、1、1）
　　20 行 -10 行 =10 行平面针法

抬肩减针的计算方法

抬肩减针数 × （1/3）= 收针数

－ 收针数

剩下的针数 × （1/2）= ×（1-1-X）

－X

剩下的针数 × （2/3）=Y（2-1-Y）

－Y

剩下的针数 =Z（3-1-Z）

3-1-2
2-1-2
1-1-4
4针收针

12针

例：12 针 × （1/3）=4（4 针收针）

$$\frac{-4}{8 × （1/2）}=4（1-1-4）$$

$$\frac{-4}{4 × （2/3）}=2（2-1-2）$$

$$\frac{-2}{2}=2（3-1-2）$$

（机器编织的公式）（手工编织的情况）

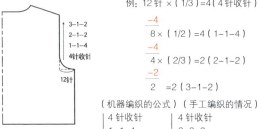

4 针收针	4 针收针
1-1-4	2-2-2
2-1-2	2-1-2
3-1-2	4-1-2

* 如果是手工编织的话，就要将行数进行分解后折算成单数行。

袖子宽度的针数 ×（1/3）=袖山宽度的针数

$$\frac{袖子宽度的针数 - 袖山宽度的针数}{2} = 袖山的减针数$$

袖子宽度的针数 ×（1/28）=收针数

袖子宽度的针数 ×（1/28）=X（1-2-X）

袖山的长度 - 使用行数 = 减行数

袖山减少的针数 - 使用针数 = 减针数

减行数 / 减针数 = 中间减针的计算法

例：90 针 ×（1/3）=30 针

$$\frac{90 针 -30 针}{2} = 30 针（袖山的减针数）$$

90 针 ×（1/28）=3 针收针

90 针 ×（1/28）=3 针

把收针的针圈分解好后写下来，把得出的结果按从打到小的顺序重新写在袖山上侧。

```
┌ 1-1-1
└ 1-2-1
```

28 行 -（上行 + 下行各 2 行）=24 行
30 针 -（上行 + 下行 + 收针各 3 针）=21 针

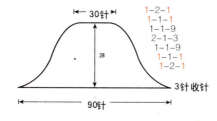

```
30针
1-2-1
1-1-1
1-1-9
2-1-3
1-1-9
1-1-1
1-2-1
28
3针收针
90针
```

```
        1+1 =2
    21 ⟌ 24      1-1-18    ┌→ 1-1-9
   -3    21      2-1-3     │  2-1-3
    18   ③       ┘         └  1-1-9
```

* 为了能求得一个自然的曲线，把 2-1-3 放在中间，然后把 1-1-18 分成一半后写在上、下的位置上。

✿ 连接花纹

方法 1：只有 1 条斜线的时候（没有按上针·下针连接）

间隔数 = 加针数 +1

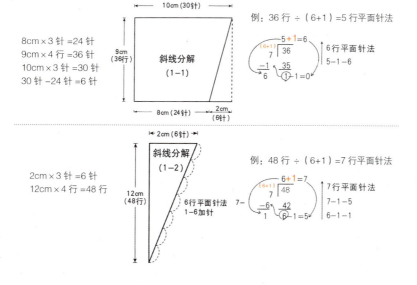

8cm × 3 针 =24 针
9cm × 4 行 =36 针
10cm × 3 针 =30 针
30 针 -24 针 =6 针

```
10cm（30针）

斜线分解
(1-1)

9cm
（36行）

8cm（24针）   2cm
             （6针）
```

例：36 行 ÷（6+1）=5 行平面针法

```
        5+1 =6
   (6+1)
     7 ⟌ 36      6行平面针法
    -1    35     5-1-6
     6    ①  1=0
```

2cm × 3 针 =6 针
12cm × 4 行 =48 行

```
2cm（6针）

斜线分解
(1-2)

12cm
(48行)

6行平面针法
1-6加针
```

例：48 行 ÷（6+1）=7 行平面针法

```
        6+1 =7
   (6+1)
     7 ⟌ 48      7行平面针法
    -6    42     7-1-5
  7-  1   ⑥  1=5  6-1-1
```

衣服中间的斜线、直线等没有横向
编织行的时候，会使用这种方法。

间隔数 = 加针数 −1

2cm × 3 针 =6 针

12cm × 4 行 =48 行

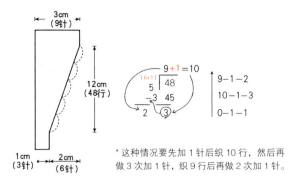

* 这种情况要先加 1 针后织 10 行，然后再
做 3 次加 1 针，织 9 行后再做 2 次加 1 针。

间隔数 = 加针数

2cm × 3 针 =6 针

12cm × 4 行 =48 行

2cm × 4 行 =8 行

48 行 ÷6=8−1−6

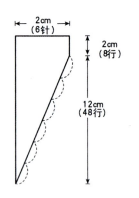

斜线往返编织的计算方法

（2 行往返编织）

10cm × 3 针 =30 针

3cm × 4 行 =12 行

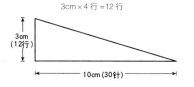

例：12 行 ÷2=6 次

30 针 ÷（6 针 +1）=5 针

5 针
2−5−1
2−4−5

* 往返编织都是以 2 行计算的。

曲线分解的计算方法

计算完直线后，为了编织曲线，
要先把次数较多的行数分解后再
进行计算。

−1	2 行 −1−（　）	−1行、+1行
3 行	3 行 −1−（　）	一向都要相同。
+1	4 行 −1−（　）	

10cm × 4 行 =40 行

4cm × 3 针 =12 针

例：40 行 ÷（12+1）=3 行

3+1=4

4 行平面针法
3−1−2）

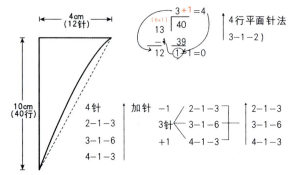

4 针	加针	−1	2−1−3		2−1−3
3 针			3−1−6		3−1−6
		+1	4−1−3		4−1−3

2−1−3
3−1−6
4−1−3

曲线的长度很长的时候，如果一次都计算出来的话，曲线很容易成为斜线，所以当斜线和曲线的间距在 0.2cm 内外编织 1 针的时候，要将曲线分割成几个三角形后再计算。

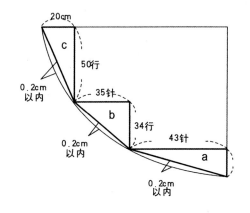

a 曲线和 b 曲线：横向长斜线的计算方法是

$$针数 \div \left(\dfrac{行数}{2}\right)$$

c 曲线：一直向着一侧的斜线行数 ÷ 加针数

例：A 曲线

$$43针 \div \left(\dfrac{10行}{2}\right)$$

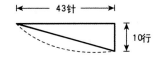

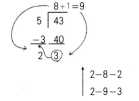

2—8—2
2—9—3

例：B 曲线

$$35针 \div \left(\dfrac{34行}{2}\right)$$

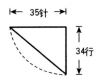

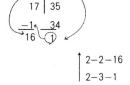

2—2—16
2—3—1

例：C 曲线

$$50行 \div 20针$$

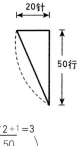

2—1—10
3—1—10

蓝色畅想系带衫

极具神秘的色彩、典雅而高
贵的立领，秀出女性的端庄
与时尚。

做法：P081

红色梦幻长袖衫

亮丽的红搭配美丽的腰间装饰带，展现出女性的秀美气质。

做法：P082

清纯条纹衫

此款衣服的特点在于淡雅
的色彩与麻花花纹相搭配，
显得可爱迷人！

做法：P083

开襟迷人衫

领口装饰上两枚
素雅的扣子，设
计上选择开襟的
独特风格，既能
体现时尚靓女的
可爱之处，又能
展现妩媚情怀。

做法：P084

双层温情长衫

淡雅的色彩、双层的时尚设计，
打造都市丽人的高贵气质。

做法：P085

神秘双排扣长衫

秀气的小V领下装饰
两排黑色的圆扣、衣
身下方美观而实用的
口袋，独显淑女的迷
人风情。

做法：P086

素雅无袖衫

装饰上毛绒领、衣襟两边点缀可爱的小口袋，让人情有独钟。

做法：P087~088

做法：P088~089

时髦开襟衫

衣襟两边镶嵌多层设计的小口袋、衣领上点缀温暖的貂绒，在这初见寒意的秋天让人感受到温情。

黑色简约披肩

神秘的黑加上简约的设计，披
在时尚淑女的肩上散发出迷人
的气息。

做法：P090~091

做法：P092~093

温情连帽长袖衫

独特的小 V 领连接前卫的帽子，衣服上装饰两个简单而儒雅的小口袋，在单排扣的衬托下凸显冬日女性的万种风情。

高领长袖衫

娇艳的红搭配竖条纹的花样图案，凸显冬日女性不失端庄的美。

做法：P094~095

紫色大领长袖装

清纯的色调、简约的设计、
时尚的大领，装扮在冬日女
性的身上，让你从容和自信
的出入高雅场合。

做法：P096~097

浪漫小翻领长袖装

宽松舒适的款式，中间配
上条形花纹，独显时尚动
感的秋日风情。

做法：P097~098

秀美连帽装

粗条纹搭配几朵可爱的花朵，
衣前装点两枚大大的扣子，
淡淡的青色凸显淑女的柔情。

做法：P099

韩式精选长毛衣

新颖翻领装

小巧可爱的翻领添加新颖
的延伸设计理念，穿出潇
洒飘逸的韵味。

做法：P100

做法：P101~102

金属质感长款装

粗粗的条纹与墨绿的色彩相
搭配，穿着在唯美女性的身
上，展现出楚楚动人的线条。

靓丽翻领衫

普通的翻领搭配两枚秀丽
的扣子，清新的款式穿出
神采飞扬的英姿。

做法：P102~103

做法：P104

创意纽扣衫

精湛的制作工艺、极具创意的
纽扣设计、配合条纹装饰的口
袋，穿出靓丽女性的飘逸之美。

做法：P105~106

魅力连帽装

清新怡人的色调，犄角般的纽扣装饰，显示出时尚女性的魅力。

做法：P106~107

唯美 V 领装

收紧的袖口装点单式的扣
子，纤细的腰上打上蝴蝶
结，双层的理念，让人意
犹未尽。

做法：P108

新奇褶皱衫

新奇的款式配上褶皱的花纹，显示出女性妩媚的气质，展现了此衣的独特风格。

娇媚下摆装

下摆编织的时尚花纹与领口独特的花式相结合，突显了这款衣服的特色与质感。

做法：P109

做法：P110

温馨开襟衫

没有华丽的色调、没有多元的设计，简单的横条纹开襟装饰却显示出温馨的情调。

怀旧立领装

在衣袖上添加简单的条纹设计元素，衣身没有华丽的修饰，腰部配上装饰带，塑造了知性女性形象。

做法：P111

优美大翻领装

时尚大方的翻领装饰配合
双排的扣子，迎合了新时
代女性的大方之美，凸出
优雅的淑女气质。

做法：P112~113

做法：P114~115

黑色雅致圆领装

纯黑的色调单一的风格，圆领的简单设计，打造出神秘的气质与优美的曲线。

韩式精选长毛衣

做法：P115~116

纯黑短袖衫

胸前单排精致的纽扣与黑色的神秘色彩相互结合，不但衬托出女性白皙的肌肤，而且展示出女人无穷的魅力。

无袖圆领飘逸装

黑色的圆领，衣身配上两个可爱的口袋，再修饰以变化的条纹线条，足以让这款衣服成为时尚女性瞩目的焦点。

做法：P117~118

做法：P118~119

时尚单排扣黑色装

虽没有新颖的个性设计，却以神秘的色调和落落大方的款式赢得都市女孩的喜爱，大大的扣子装点出时尚之美。

做法：P120~121

浪漫气质短袖装

浓密的黑加上时尚的设计，
衣身下端点缀上风格独特的
口袋，充分地展现女性优美
的身材。

高领创意装

高高的立领与庄严的黑搭配在一起，独显女人的神秘与妩媚。

做法：P121~122

现代气息短袖衫

浅浅的灰色映衬了女性忧郁
的美，在粗线条中间配合波
浪式的花纹，它是一款充满
现代气息的靓丽衫。

做法：P123

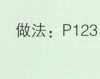

美丽 V 领半袖衫

这款衣服的可爱在于衣身下方设计了两个花纹小口袋，将女生的顽皮融入在衣服的特色中。肩部添加了粗犷的线条，是时尚女孩喜爱的款式。

做法：P124

文静质感短袖装

纯黑的色彩将女性的神秘之美塑造的无懈可击，纯朴的款式文静的美，质感的毛线，带给你细腻的呵护。

做法：P125

单扣翻领小披肩

自然大方的款式，袖肩搭
配双罗纹花式让此款披肩
显示出典雅与高贵，突出
了女性的不凡气质。

做法：P126

做法：P127

温馨惬意短袖衫

简约流行的设计风格与纯色调
的完美搭配，温馨舒适的质感
让秋日佳人展现别样风情。

三扣丽人装

三个醒目的纽扣紧紧的镶嵌在衣服上，既实用又美观。衣身下端敞开式的设计，装扮出可爱而迷人的秋日丽人。

做法：P128

可爱舒适装

此款衣服采用 V 领的设计，
同时以扣子作为点缀。下端
那小巧的口袋，展现出它的
可爱之处，让俏皮的女生喜
爱有加。

做法：P129

做法：P130~131

双排扣天使素雅装

素雅的风格，轻盈的款式加上双排衣扣的时尚设计，穿着在白领丽人身上恰似人间的天使美丽大方。

做法：P131~132

精致大翻领长袖装

时尚的大翻领，精致的单
排衣扣，无不展示女人柔
情似水的美。

047

做法：P132~133

连帽长毛衣

交叉的领口外加双排扣的时尚
设计、疏密有致的网格特色，
让这款衣服独具特色。

做法：P134~135

靓丽翻领装

高雅的翻领，清纯的色调，
单排衣扣的点缀，条纹花
样的配合，突显女人独特
的魅力。

做法：P136

魅力开襟衫

柔美的毛线、素雅的色彩、简约的设计、优雅的款式，用最简约的风格诠释非一般的美。

做法：P137

无袖开襟时尚装

长长的款式、妩媚的风格、
简约的形式、神秘的颜色，
用轻盈的服饰彰显时尚女性
的个性美。

做法：P138~139

简约连帽衫

柔软的质地、独特的款式外加两个可爱的口袋，单排衣扣独显靓丽女人的高雅气质。

做法：P140

大翻领儒雅装

儒雅的翻领，合身的款式配合双排衣扣的时尚设计，独显这款衣服的新颖与舒适。

大翻领风情装

衣服搭配橘红的色调显示女人妩媚的风情，高贵的翻领添加单排的大扣，不乏独特的风格。

做法：P141

做法：P142

多扣开领靓丽装

衣身装饰简约的条纹配上两个
精致的口袋，造就了这款靓丽
的衣服。

做法：P143~144

秀丽连帽长袖装

温和的色调和素雅的款式，配上精致可爱的衣帽，穿上它带给你一丝温情。

古典风情装

质朴的面料，舒适的设计，简单的条纹花样，外加一排整齐的衣扣，凸显古典女性的质朴之美。

做法：P144~145

双排扣风姿翻领装

修长的款式，清新的风格，
银色斑点装饰的面料，搭
配上装饰带，尽显女孩子
的风姿绰约。

做法：P146

做法：P147

双罗纹 V 领迷人衫

衣身两侧装点上双罗纹的
美丽花样，设计上采用V
形的领口点缀几枚精致的
扣子，显现出女人的个性
之美。

做法：P148

优雅短袖装

清新优雅的款式、时尚
简约的风格、衣身装饰
三圈罗纹相绕的花样，
彰显女性独有的风韵。

做法：P149

圆领短袖衫

圆形的领口周围设计一圈时尚的花样，衣身前侧大小花纹相互交织，衣身两侧两个简单而美观的口袋装点出时尚丽人的高雅气质。

做法：P150

纯朴翻领系带装

独有的风格，大大的翻领，双排衣扣的特有设计展示了韩式潮流的风尚与秀美。

古典风尚立领装

墨绿的色调编织细腻的网格花纹，充分地融合了古典美与现代风情。

做法：P151

做法：P152

时尚淑女长袖装

高贵的翻领独显淑女的秀美，腰间的系带装点了独特的风格，两侧搭配质朴的口袋显示出女性的柔美与细腻。

做法：P153

纯洁无袖衫

纯洁的白色抒写着时尚
与唯美的风情，衣身上
搭配条纹图案装点出时
尚女性的纯洁之美。

做法：P154

清纯立领短袖装

高高竖起的立领，链条似的花纹，均匀有序的横向条纹，让这款衣服更加美观。

织法：P155

美丽无袖衫

设计的独特在于省去了衣袖的繁杂，用简单突显美丽，用简约的线条花纹衬托主体的特点。

新意短袖衫

衣服上的花纹精美而有趣，紧缩的袖口展现了靓丽女性的和谐之美。

做法：P156

青春圆领短袖衫

做法：P157

胸前装饰绒毛小球，凸显女性
的俏皮个性，整个衣身设计了
链锁式条纹装饰图，使它变得
更加可爱迷人。

韩式精选长毛衣

双排扣高领气质装

独具创意的高领，搭配靓丽的色彩，简约的口袋秀出女性端庄的风格。

做法：P158

做法：P159

风采俏丽翻领装

大翻的衣领，精美别致的花样，显示出女性优雅的气质。

可爱长袖衫

衣袖类似双层的新颖设计，加上胸前六枚装饰扣与衣服两侧的花纹小口袋，使这款衣服显得精致可爱。

做法：P160

做法：P161

时尚长袖装

高雅的设计和独特花纹的口
袋形式，凸显了此款衣服的
与众不同之处。

做法：P162

红色佳人衫

娇艳的红色好似火红的太阳，显示女性的活泼与动感，参差不齐的裙摆，迅速吸引大家的眼光。

迷你风情无袖衫

与众不同的裙摆，锯齿边的花纹，使时尚女性更加性感妩媚。

做法：P163

V 领系带妩媚衫

时尚的蓝色搭配波浪形的花
纹，配上蝴蝶结般的带子，
让人感觉亲切自然。

做法：P164

花纹长袖装

这款衣服的大胆之处在于采用了大花作为衣服的焦点，从而吸引了爱美女性的眼球。

做法：P165~166

系带浪漫衫

喇叭形的裙摆，艳丽的红色，美丽的红衣少女独具风情。

做法：P166~167

前卫潮流长袖衫

修身的款式配上美丽的花纹，
将女性的美展露无遗。

做法：P167~168

做法：P169~170

时尚高领短袖装

衣身前方镶嵌双罗纹交叉的花样，配上两个可爱的口袋，这款衣服适合端庄女性在特别场合的搭配。

蓝色畅想系带衫

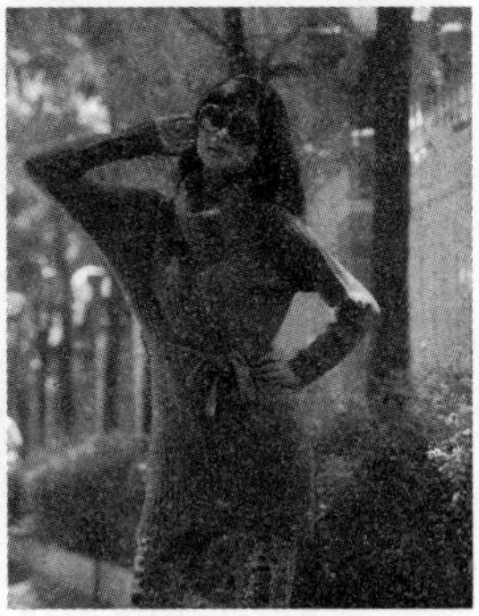

【成品规格】衣长73cm　胸围88cm　袖长56cm

【工具】14号棒针　12号棒针

【材料】中细蓝色毛线

【编织密度】10cm²：33针×36行

【制作说明】后片：起145针织12cm双罗纹，换针织平针，直到完成。前片：织组合花样，中心织花样，两侧织双罗纹。袖：袖中心织双罗纹，两侧织平针。领：挑出领窝所有的针数，织双罗纹15cm。

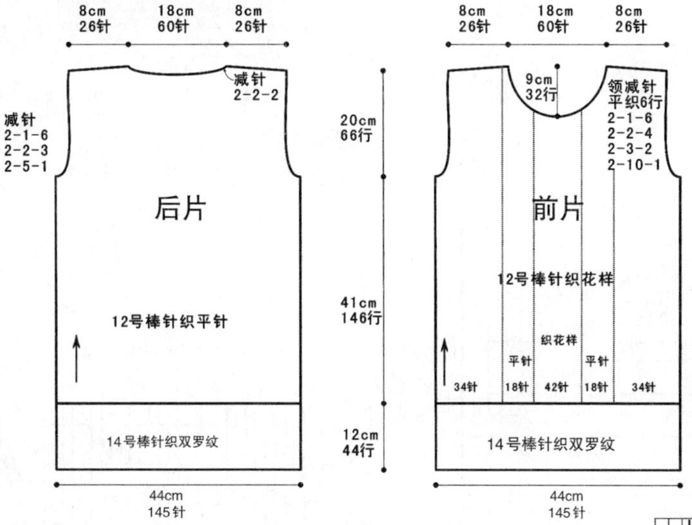

8cm 26针
18cm 60针
8cm 26针
减针 2-2-2
减针
2-1-6
2-2-3
2-5-1
后片
12号棒针织平针
14号棒针织双罗纹
44cm 145针
20cm 66行
41cm 146行
12cm 44行
8cm 26针
18cm 60针
8cm 26针
9cm 32行
领减针
平织6行
2-1-6
2-2-4
2-3-2
2-10-1
前片
12号棒针织花样
织花样
平针
平针
34针 18针 42针 18针 34针
14号棒针织双罗纹
44cm 145针

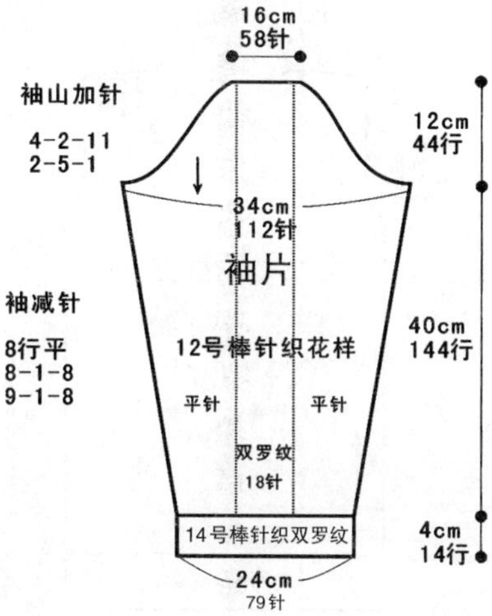

16cm 58针
袖山加针
4-2-11
2-5-1
12cm 44行
34cm 112针
袖片
袖减针
8行平
8-1-8
9-1-8
12号棒针织花样
平针
平针
双罗纹 18针
40cm 144行
14号棒针织双罗纹
4cm 14行
24cm 79针

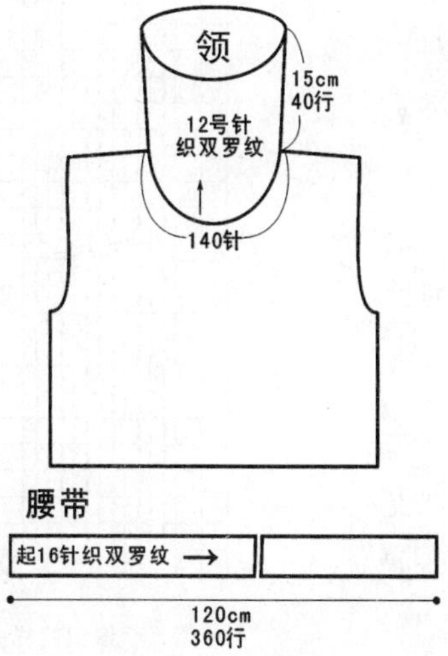

领
15cm 40行
12号针 织双罗纹
140针
腰带
起16针织双罗纹
120cm 360行

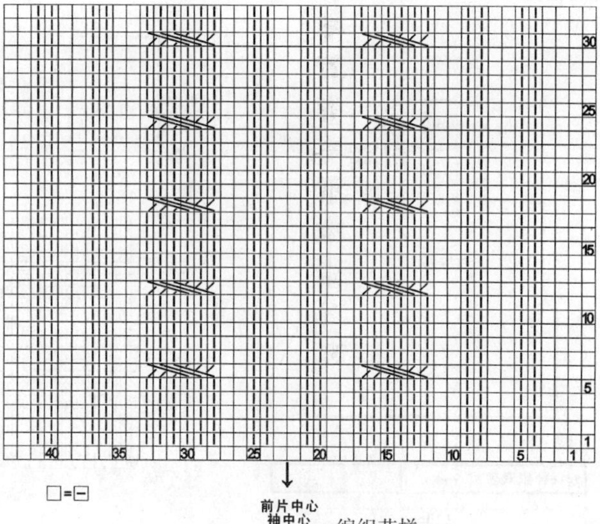

30
25
20
15
10
5
1
40 35 30 25 20 15 10 5 1
□=⊟
前片中心
袖中心

编织花样

红色梦幻长袖衫

【成品规格】衣长73cm　胸围88cm　袖长56cm

【工具】14号棒针　12号棒针

【材料】中细红色毛线

【编织密度】10cm²：33针×36行

【制作说明】后片：起145针织7cm双罗纹，换针织平针，直到完成。前片：基本同后片，织至15cm时，从口袋位置开始织花样。口袋：另起针织口袋，织好后缝合。领：挑出领窝所有的针数，织双罗纹15cm。

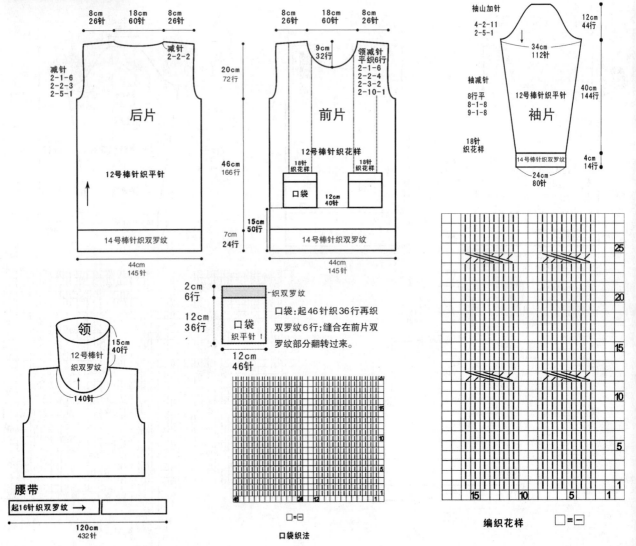

后片

8cm 26针　18cm 60针　8cm 26针

减针 2-2-2

减针 2-1-6 2-2-3 2-5-1

12号棒针织平针

14号棒针织双罗纹

44cm 145针

前片

8cm 26针　18cm 60针　8cm 26针

9cm 32行

领减针 平织6行 2-1-6 2-2-4 2-3-2 2-10-1

20cm 72行

46cm 166行

15cm 50行

7cm 24行

12号棒针织花样

18针 织花样　18针 织花样

口袋　12cm 40针

14号棒针织双罗纹

44cm 145针

袖片

袖山加针 4-2-11 2-5-1

12cm 44行

34cm 112针

袖减针 8行平 8-1-8 9-1-8

40cm 144行

18针 织花样

12号棒针织平针

14号棒针织双罗纹

24cm 80针

4cm 14行

领

15cm 40行

12号棒针织双罗纹

140针

腰带

起16针织双罗纹 →

120cm 432针

口袋

2cm 6行　织双罗纹

12cm 36行　口袋 织平针

12cm 46针

口袋：起46针织36行再织双罗纹6行；缝合在前片双罗纹部分翻转过来。

口袋织法

□=－

编织花样　□=－

082

清纯条纹衫

【成品规格】衣长83cm　胸围84cm

【工具】11号棒针

【材料】米色毛线　纽扣3粒

【编织密度】10cm²：27针×30行

【制作说明】

1. 起50针分三层织，第一层为领，每织2行停织4行；第二层13针，每织4行停织2行；第三层全织，织够所需的长度后无缝缝合。

2. 分别在圆上挑织前后片，按图示织完即可。

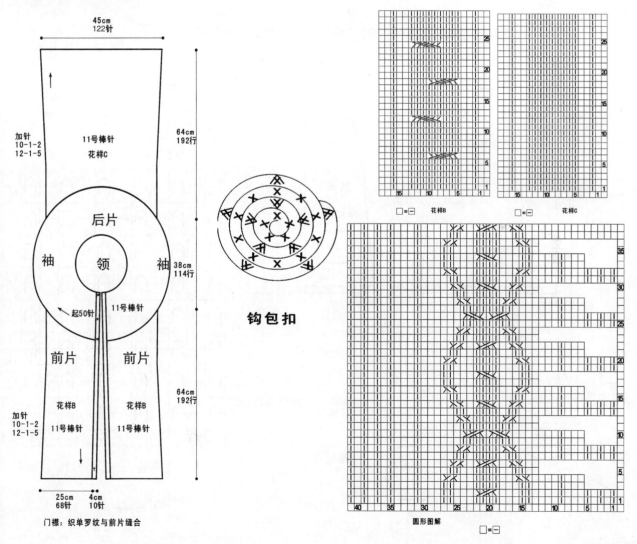

门襟：织单罗纹与前片缝合

钩包扣

□=□　花样B

□=□　花样C

圆形图解　□=□

开襟迷人衫

【成品规格】衣长73cm　胸围84cm　袖长22cm

【工具】3.6mm棒针

【材料】夹金丝毛线　纽扣2粒

【编织密度】10cm²：38针×40行

【制作说明】

1. 后片：起116针织单罗纹8行后织元宝针，每17行收1针收10次，平织34行开挂肩。

2. 开挂肩：插肩袖，每3行收1针收16次，4行收1针收8次。

3. 织前片：前片基本织法同后片。

4. 口袋：另起针织元宝针，织好缝合。

5. 袖：插肩袖，从下往上织。

6. 领：另起30针织元宝针，织好后缝合在领口部位。

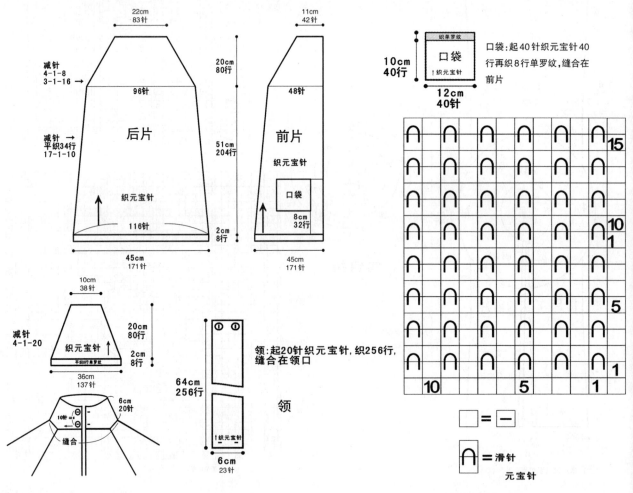

口袋：起40针织元宝针40行再织8行单罗纹，缝合在前片

领：起20针织元宝针，织256行，缝合在领口

双层温情长衫

【成品规格】衣长73cm　胸围90cm　袖长56cm

【工具】10号棒针

【材料】中粗灰色毛线　纽扣7粒

【编织密度】10cm²：27针×33行

【制作说明】后片：起148针织4cm平针，对折成双边，继续织平针，平织30行，收腰线，12行收1针收3次，8行收1针收5次；然后开始加针，8行加1针加6次，10行加1针加2次。织前片：前片为双层，分两部分织，先织里层，再织外层，然后缝合。口袋：另起针织口袋口，缝合在前片。袖：起30针，按图示加针织出袖山，然后织袖筒；袖口为喇叭式。钩扣子，缝合各部位，完成。

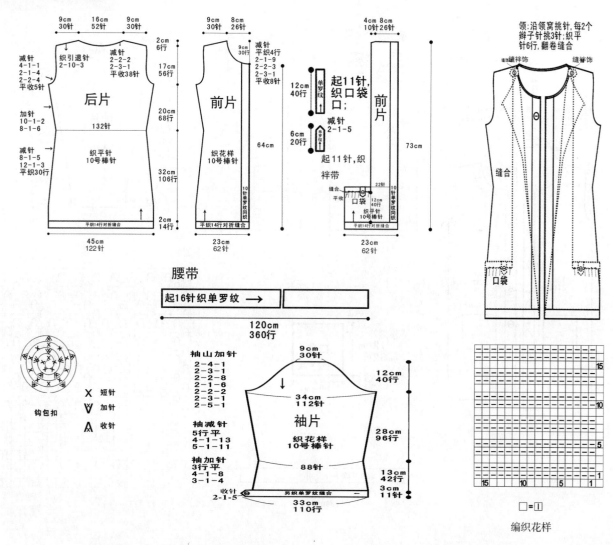

编织花样

神秘双排扣长衫

【成品规格】衣长83cm　胸围88cm　袖长56cm

【工具】12号棒针

【材料】中粗黑色毛线　纽扣21粒

【编织密度】10cm²：25针×27行

【制作说明】后片：起100针织双罗纹，一直织至完成。前片：前片同后片。袖：起18针，按图示加针织出袖山，然后织袖筒。门襟：门襟挑针横织双罗纹，开扣眼。荷叶边：沿门襟及领让后5cm，起针织单罗纹，织3cm后改织双元宝针。缝合各部位，完成。

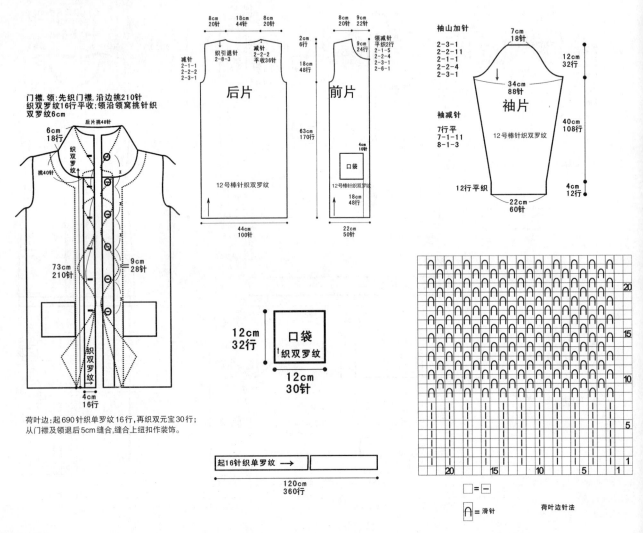

门襟.领:先织门襟,沿边挑210针
织双罗纹16行平收;领沿领窝挑针织
双罗纹6cm

后片挑48针

6cm
18行

织双罗纹

挑40针

73cm
210针

9cm
28针

织双罗纹

4cm
16行

荷叶边:起690针织单罗纹16行,再织双元宝30行;
从门襟及领退后5cm缝合,缝合上纽扣作装饰。

减针
2-1-1
2-2-2
2-3-1

8cm   18cm   8cm
20针   44针   20针

织引退针
2-8-3

减针
2-2-2
平收36针

后片

2cm
6行

18cm
48行

63cm
170行

44cm
100针

12号棒针织双罗纹

8cm   9cm
20针   22针

领减针
平织2行
2-1-5
2-2-4
2-3-1
2-6-1

9cm
24行

前片

4cm
10针

口袋

12号棒针织双罗纹

18cm
48行

22cm
50针

袖山加针
2-3-1
2-1-1
2-1-1
2-2-4
2-3-1

7cm
18针

12cm
32行

34cm
88针

袖片

袖减针

7行平
7-1-11
8-1-3

40cm
108行

12号棒针织双罗纹

12行平织

4cm
12行

22cm
60针

12cm
32行

口袋

织双罗纹

12cm
30针

起16针织单罗纹 →

120cm
360行

□ = ⊏

∩ = 滑针   荷叶边针法

20
15
10
5

20   15   10   5   1

素雅无袖衫

【成品规格】衣长75cm　胸围80cm　肩宽33cm

【工具】7号棒针

【材料】浅灰色羊毛线　大扣子4粒

【编织密度】10cm²：26针×40行

【制作说明】

　　1. 后片为一片编织，从衣摆起织，往上编织至肩部。起104针编织4cm双罗纹针，再编织27cm全下针。再编织8cm双罗纹针，再编织13cm全下针，开始两侧袖窿减针，方法如图所示。编织21cm后，中间留34针不织，两侧开始后领减针，方法如图所示。编织2cm后，收针断线。

　　2. 前片分为左右两片编织，花样对应方向相反。前片起49针，衣领侧多起10针作为衣襟，一直编织单罗纹针至衣领处，前片编织4cm双罗纹针，再编织27cm全下针，再编织8cm罗纹针，再编织13cm花样A，开始两侧袖窿减针，方法如图所示。编织17cm后，开始前衣领收针，方法如图所示。编织6cm后，收针断线。

　　3. 用同样的方法再编织另一前片，完成后，将两前片的侧缝与后片的侧缝对应缝合，再将两肩部对应缝合。

　　4. 口袋片为两片单独编织，起50针，编织15cm全下身针，再编织4cm双罗纹针，收针断线。将双罗纹针往外折叠，将口袋片缝合于前片图示位置。

　　5.挑织帽子。沿衣领边缘挑织帽子，起90针，两边衣襟的10针继续编织单罗纹针，以中心为界两边挑加针，方法如图所示。加至98针，向上织至26cm左右，开始收针，仍以中心为界两边对称收针，方法如图所示。一边收15针，缝合帽子顶部。

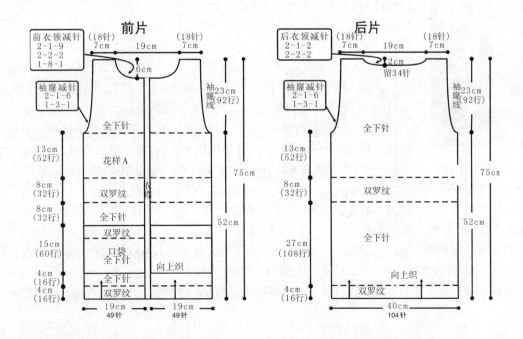

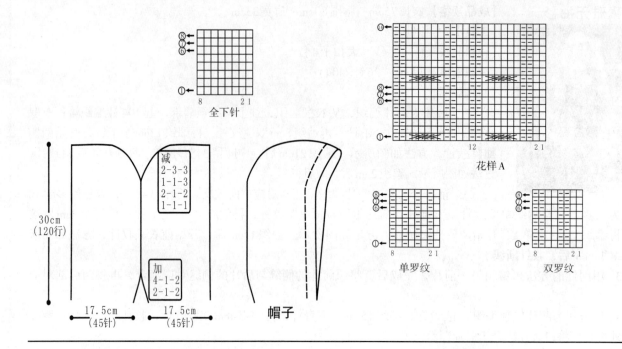

全下针

花样A

单罗纹

双罗纹

减
2-3-3
1-1-3
2-1-2
1-1-1

加
4-1-2
2-1-2

30cm
(120行)

17.5cm
(45针)

17.5cm
(45针)

帽子

时髦开襟衫

【成品规格】衣长75cm　胸围80cm　肩宽33cm

【工具】7号棒针

【材料】浅灰色羊毛线　大扣子4粒

【编织密度】10cm²：26针×40行

【制作说明】

1. 后片为一片编织，从衣摆起织，往上编织至肩部。起104针编织4cm双罗纹针，再编织48cm全下针，开始两侧袖窿减针，方法如图所示。编织21cm后，中间留34针不织，两侧开始后领减针，方法如图所示。编织2cm后，收针断线。

2. 前片分为左右两片编织，花样对应方向相反。前片起62针，编织4cm双罗纹针，再编织23cm全下针，开始编织3个5针并一针的折皱，第2个位置比第1个往衣襟侧偏移6针16行，第3个比第2个偏移6针16行，共编织48cm后，开始两侧袖窿减针，方法如图所示。编织4cm后，开始前衣领收针，方法如图所示。编织19cm后，收针断线。

3. 用同样的方法再编织另一前片，完成后，将两前片的侧缝与后片的侧缝对应缝合，再将两肩部对应缝合。编织10针宽的衣襟，与衣身缝合。

4. 口袋片为两片单独编织，起50针，编织25cm全下针，再编织4cm双罗纹针，收针断线。将双罗纹针往外折叠，将口袋片分3个层次折皱，缝合于衣侧两边图示位置。

5. 挑织衣袖。挑出来的针数要比衣服本身稍多些，编织4cm单罗纹针，收针断线。用同样方法挑织另一个衣袖。

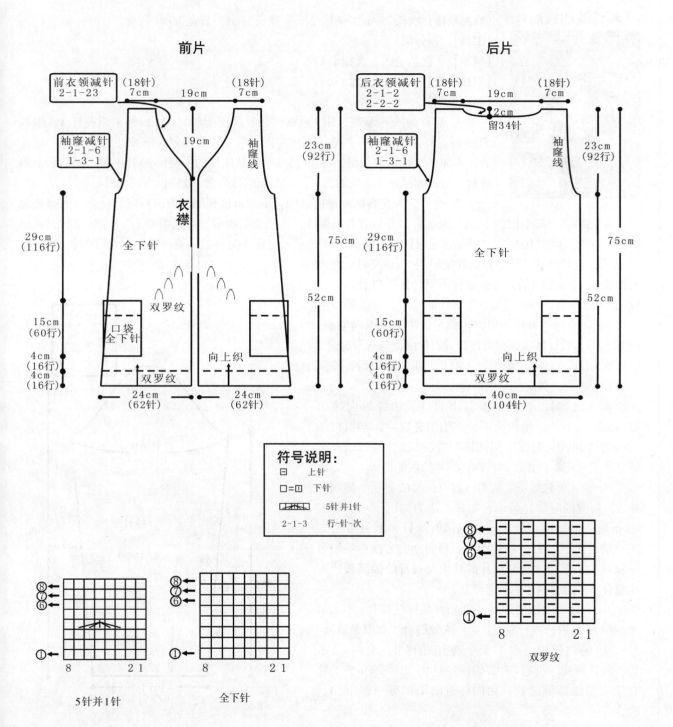

黑色简约披肩

【成品规格】衣长75cm　胸围92cm　袖长53cm　肩宽36cm

【工具】 7号棒针

【材料】灰色羊毛线　大扣子8粒

【编织密度】10cm²：26针×30行

【制作说明】

1. 后片为一片编织，用7号棒针从衣摆往上织，起120针编织花样A，编制52cm后，开始袖窿减针，方法顺序如图。后身片的两侧袖窿减针数为12针。减针后，不加减针往上共编织21cm的高度后，从织片的中间留30针不织，两侧余下的针数，后领侧减针，方法如图。最后两侧的针数余下26针，收针断线。

2. 前片分为左右两片横向编织，编织方法相同，方向对应相反。从衣襟处起针，起182针，编织花样B，编织8cm后，开始前衣领加针，方法如图所示。共编织18行，共加13针，不加减针往左织，编织10cm后，开始袖窿减针，方法顺序如图所示。共减60针后，不加减针再编织4行，共编织15行后，收针断线。注意在前片编织到13cm高时，在离衣摆边缘34cm的地方留8针收针不织，作为口袋口，继续织13cm高后，对应位置再起8针继续织，也就是留取一块8针×39行的方片不织。再挑起口袋边缘纵向编织，织10行后，收针断线，再将挑起的衣片两侧与衣身缝合。

3. 用同样的方法编织另一前片，编织完成后，将两侧缝对应缝合，两肩缝对应缝合。

4. 口袋编织，在上面留出的口袋边缘纵向挑织13cm×26cm方片，编织全下针，编织完成后，与留口的另一边合并收针断线。用同样的方法编织另一口袋片，缝合于前片图示位置，再将两口袋片的两侧缝合。

5. 袖片单独编织。从袖口起织，起62针后，编织花样A，两侧同时加针编织，加针方法为如图所示。编织43cm后，开始编织袖山。两侧同时减针，减针方法如图。最后余下22针，收针断线。用同样的方法再编织另一衣袖片。然后，将两袖片的袖山与衣身的袖窿线边对应缝合，再缝合袖片的侧缝。

6. 衣领单独横向编织。起40针编织花样B。不加减针编织46cm后，收针断线。再将衣领缝合于衣服领口处。

7. 编织腰带。起12针，编织花样B，编织1.5米长，收针断线。再起4针，编织花样B，编织5cm长，缝合于衣服腰部侧缝处，用同样方法编织另一腰带扣，缝合。

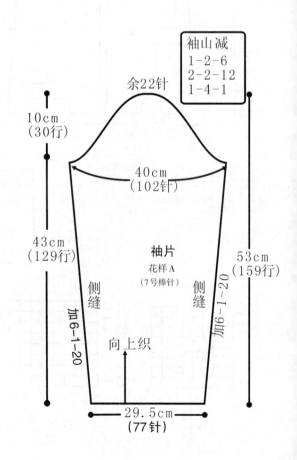

袖山减
1-2-6
2-2-12
1-4-1

余22针

10cm
（30行）

40cm
（102针）

43cm
（129行）

袖片
花样A
（7号棒针）

侧缝

侧缝

加6-1-20

加6-1-20

53cm
（159行）

向上织

29.5cm
（77针）

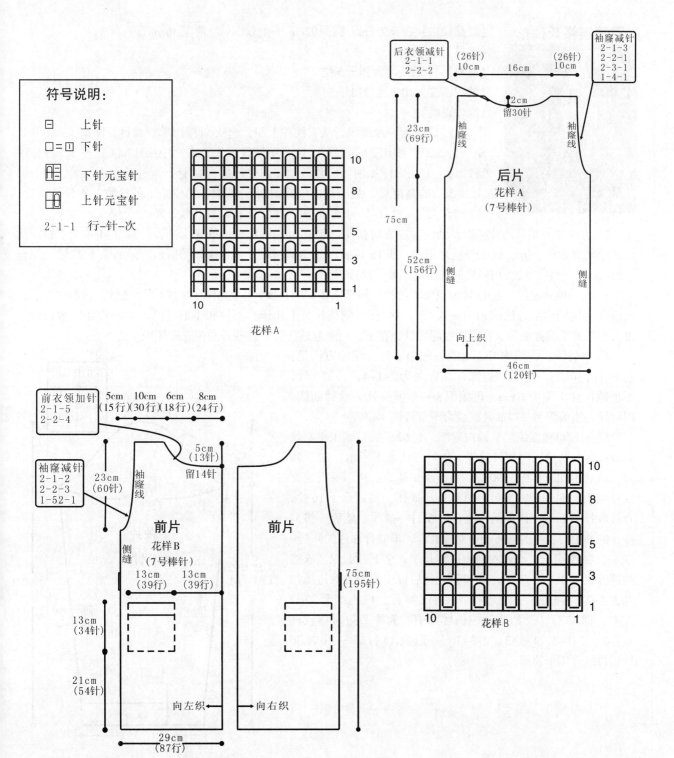

符号说明：

□ 上针

□=① 下针

元宝针 下针元宝针

元宝针 上针元宝针

2-1-1 行-针-次

花样A

后衣领减针
2-1-1
2-2-2

袖窿减针
2-1-3
2-2-1
2-3-1
1-4-1

(26针)
10cm

16cm

(26针)
10cm

2cm

留30针

23cm
(69行)

75cm

52cm
(156行)

后片
花样A
(7号棒针)

袖窿线

袖窿线

侧缝

侧缝

向上织

46cm
(120针)

前衣领加针
2-1-5
2-2-4

5cm 10cm 6cm 8cm
(15行)(30行)(18行)(24行)

袖窿减针
2-1-2
2-2-3
1-52-1

23cm
(60行)

袖窿线

5cm
(13针)

留14针

前片
花样B
(7号棒针)

前片

侧缝

13cm
(39行)

13cm
(39行)

75cm
(195针)

13cm
(34针)

21cm
(54针)

向左织

向右织

29cm
(87行)

花样B

温情连帽长袖衫

【成品规格】衣长75cm 胸围92cm 袖长53cm 肩宽36cm

【工具】7号棒针

【材料】羊毛线 大扣子5粒

【编织密度】10cm²：21针×34行

【制作说明】

1. 后片为一片编织，从衣摆往上织，起96针编织单罗纹针，编织8cm，开始全下针编织，编织29cm高后，改为单罗纹编织8cm，再编织7cm全下针，开始袖窿减针，方法顺序如图。后片的袖窿减少针数为10针。减针后，不加减针往上编织20.5cm的高度后，从织片的中间留28针不织，两侧余下的针数，衣领侧减针，方法为2-2-1、2-1-1，最后两侧的针数余下21针，收针断线。

2. 前片分为左右两片编织，结构对应方向相反。起36针，编织8cm单罗纹针后，编织44cm全下针，然后开始袖窿收针，方法顺序与后片相同，织18cm后，开始前领减针，方法如图所示。最后余下21针，织至总长75cm，收针断线。用同样的方法编织另一前片。

3. 衣襟单独编织，起13针编织单罗纹针，织至衣领相应长度，串起留待编织帽子时挑针，将侧边与衣襟边缝合，用同样的方法编织另一衣襟，最后在一侧前片钉上扣子。不钉扣子的一侧，要制作相应数目的扣眼，扣眼的编织方法为，在当行收起数针，在下一行重起这些针，这些针两侧正常编织。

4. 口袋编织，编织13cm×13cm圆角方片，编织方法是：起19针，两侧一边织一边加针，方法为2-1-4，共加8针，不加减针往上编织10cm，再编织3cm单罗纹针，收针断线。用同样方法编织另一口袋片，缝合于前片图示位置。

5. 袖片单独编织。从袖口起针，起62针后，编织单罗纹针8cm高，两侧同时加针编织，加针方法如图所示。加至79行，然后不加减针织至90行。开始编织袖山：从第一行起要减针编织，两侧同时减针，减针方法如图。最后余下16针，直接收针后断线。同样的方法再编织另一袖片。然后，将两袖片的袖山与衣身的袖窿线边对应缝合，再缝合袖片的侧缝。

6. 挑织帽子。沿着衣领边挑针起织，全下针编织。衣襟的部分仍编织单罗纹针。挑90针，然后以中心为界两边挑加针2-1-2、4-1-2，一边加4针，共计98针，向上织至22cm左右，即45行，开始收针，仍然以中心为界两边对称收针1-1-1、2-1-2、1-1-3、2-3-3，一边收15针，一共收30针，再缝合帽子顶部。

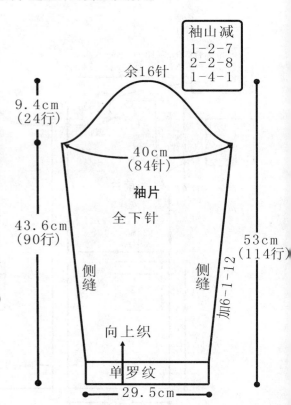

袖山减
1-2-7
2-2-8
1-4-1

余16针

9.4cm（24行）

40cm（84针）

袖片

全下针

43.6cm（90行）

53cm（114行）

侧缝

侧缝

加6-1-12

向上织

单罗纹

29.5cm

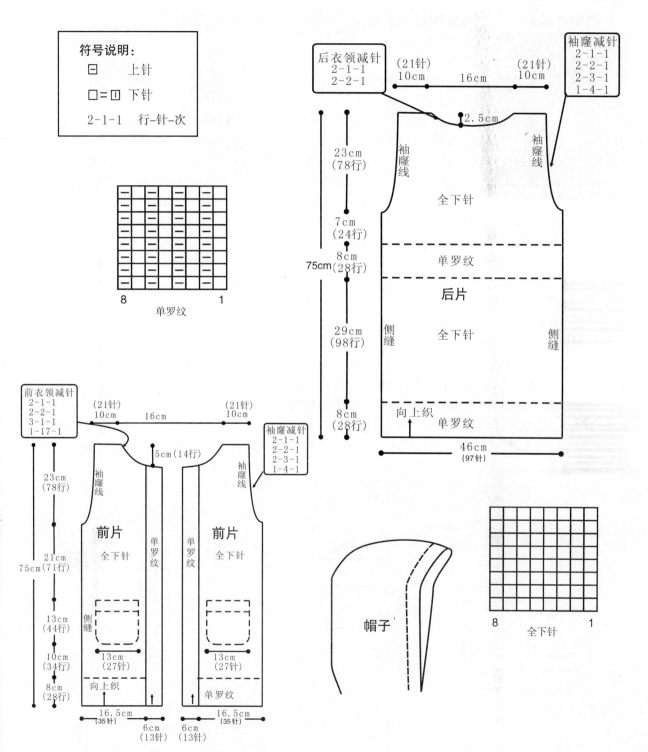

符号说明：
□　上针
□=回　下针
2-1-1　行–针–次

8　　　　　1
单罗纹

后衣领减针
2-1-1
2-2-1

袖窿减针
2-1-1
2-2-1
2-3-1
1-4-1

（21针）
10cm　　16cm　　10cm　（21针）

2.5cm

袖窿线　　　　袖窿线

全下针

后片

单罗纹

23cm（78行）

7cm（24行）

8cm（28行）

75cm

29cm（98行）

侧缝　　全下针　　侧缝

8cm（28行）

向上织　单罗纹

46cm（97针）

前衣领减针
2-1-1
2-2-1
3-1-1
1-17-1

（21针）
10cm　　16cm　　10cm（21针）

袖窿减针
2-1-1
2-2-1
2-3-1
1-4-1

5cm（14行）

23cm（78行）

袖窿线　　　　　　　　袖窿线

前片
全下针　　单罗纹

单罗纹　　前片
全下针

75cm（71行）

21cm

13cm（44行）

侧缝

10cm（34行）

8cm（28行）

13cm（27针）　　13cm（27针）

向上织　　　单罗纹

16.5cm（35针）　　16.5cm（35针）

6cm（13针）　6cm（13针）

帽子

8　　　　　1
全下针

高领长袖衫

【成品规格】衣长75cm　胸围92cm　袖长53cm　肩宽36cm

【工具】6/7号棒针

【材料】羊毛线

【编织密度】6号棒针　10cm²：30针×35行　7号棒针　10cm²：26针×30行

【制作说明】

1. 后片为一片编织，从衣摆往上织，用6号棒针起120针编织双罗纹针，编织8cm，改用7号棒针全下针编织，编织3cm高后，改为6号棒针，编织双罗纹针，注意此部分编织到第7行时，每隔12针编织一个小孔，方法是先收起一针，再织一针镂空针，第8行起继续编织双罗纹针，共编织4cm后，改用7号棒针，中间编织64针全下针，两边编织双罗纹针，再编织10cm，开始袖窿减针，方法顺序如图。后片的两侧袖窿减针数为12针。减针后，不加减针往上共编织21cm的高度后，从织片的中间留30针不织，两侧余下的针数，后领侧减针，方法如图。最后两侧余下26针，收针断线。

2. 前片为一片编织，编织方法与后片相同，编织42cm后，中间编织64针花样A，两边编织双罗纹针，再编织10cm，开始袖窿减针，方法顺序与后片相同，减针后，不加减针往上共编织18cm的高度后，从织片的中间留14针不织，两侧余下的针数，前领侧减针，方法如图。最后两侧余下26针，收针断线。

3. 前后片编织完成后，将两侧对应缝合，两肩缝对应缝合。

4. 口袋编织。编织13cm×13cm圆角方片，编织方法是：起34针，两侧一边织一边加针，方法为2-1-3，共加6针，不加减针往上编织10cm，再将中间的8针并为2针，往上编织3cm双罗纹针，收针断线。用同样方法编织另一口袋片，缝合于前片图示位置。注意缝合时下边缘要折叠6针作为折裥。

5. 袖片单独编织。从袖口起织，起62针后，编织双罗纹针，两侧同时加针编织，加针方法如图所示。编织43cm后，开始编织袖山：从第一行起减针编织，两侧同时减针，减计方法如图。最后余下24针，收针断线。用同样的方法再编织另一衣袖片。然后，将两袖片的袖山与衣身的袖窿线边对应缝合，再缝合袖片的侧缝。

6. 挑织衣领。沿着衣领边挑针起织，6号针双罗纹针编织。编织10cm后，收针断线。

符号说明：

　日　上针

　口=日　下针

　右上3针与左下3针交叉

　2-1-1　行-针-次

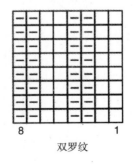

双罗纹

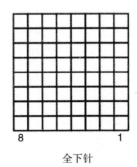

全下针

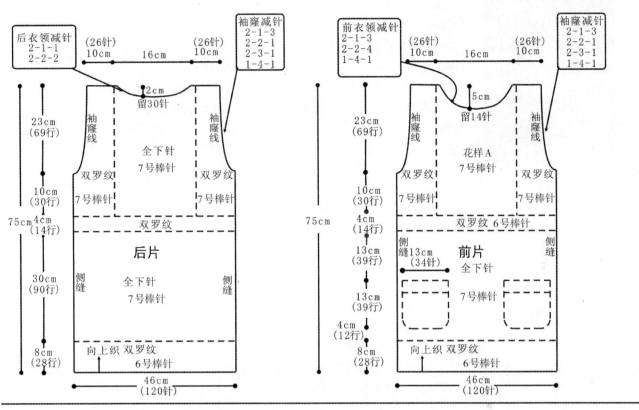

后衣领减针
2-1-1
2-2-2

(26针)
10cm

16cm

(26针)
10cm

袖窿减针
2-1-3
2-2-1
2-3-1
1-4-1

2cm
留30针

23cm
(69行)

袖窿线

全下针
7号棒针

袖窿线

双罗纹
7号棒针

双罗纹
7号棒针

10cm
(30行)

75cm 4cm
(14行)

双罗纹

后片

30cm
(90行)

侧缝

全下针
7号棒针

侧缝

8cm
(28行)

向上织 双罗纹
6号棒针

46cm
(120针)

前衣领减针
2-1-3
2-2-4
1-4-1

(26针)
10cm

16cm

(26针)
10cm

袖窿减针
2-1-3
2-2-1
2-3-1
1-4-1

5cm
留14针

23cm
(69行)

袖窿线

花样A
7号棒针

袖窿线

双罗纹
7号棒针

双罗纹
7号棒针

10cm
(30行)

75cm 4cm
(14行)

双罗纹 6号棒针

13cm
(39行)

侧缝13cm
(34针)

前片
全下针

侧缝

13cm
(39行)

7号棒针

4cm
(12行)

8cm
(28行)

向上织 双罗纹
6号棒针

46cm
(120针)

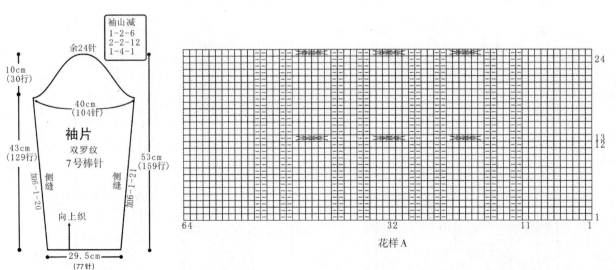

袖山减
1-2-6
2-2-12
1-4-1

余24针

10cm
(30行)

40cm
(104针)

袖片
双罗纹
7号棒针

43cm
(129行)

53cm
(159行)

侧缝

侧缝

加6-1-20

加6-1-21

向上织

29.5cm
(77针)

64

32

11

1

24

13
12

1

花样A

紫色大领长袖装

【成品规格】衣长75cm　胸围92cm　袖长53cm　肩宽36cm

【工具】7号棒针

【材料】羊毛线

【编织密度】10cm²：26针×30行

【制作说明】

　　1. 后片为一片编织，用7号棒针从衣摆往上织，起120针编织双罗纹针，编织8cm，改为全下针编织，编织44cm高后，开始袖窿减针，方法顺序如图。后片的两侧袖窿减针数为12针。减针后，不加减针往上共编织21cm的高度后，从织片的中间留30针不织，两侧余下的针数，后领侧减针，方法如图。最后两侧余下26针，收针断线。

　　2. 前片为一片编织，编织方法与后片相同，编织42cm后，开始编织前身花样，在前片中间编织一个花样A，一个花样A是10针48行，两边继续全下针编织，编织24行后，在中间花样的两侧各编织10针全下针的间隔，再各编织一个花样A，总共编织10cm后，开始袖窿减针，方法顺序与后片相同。再编织24行后，两侧留10针的全下针间隔，再起2处花样A，继续往上织。减针后，不加减针往上共编织18cm的高度后，从织片的中间留14针不织，两侧余下的针数，前领侧减针，方法如图。最后两侧余下26针，收针断线。

　　3. 前后片编织完成后，将两侧缝对应缝合，两肩缝对应缝合。

　　4. 口袋编织。编织13cm×13cm圆角方片，编织方法是：起34针，不加减针往上编织10cm，再编织3cm双罗纹针，收针断线。用同样方法编织另一口袋片，缝合于前片图示位置。

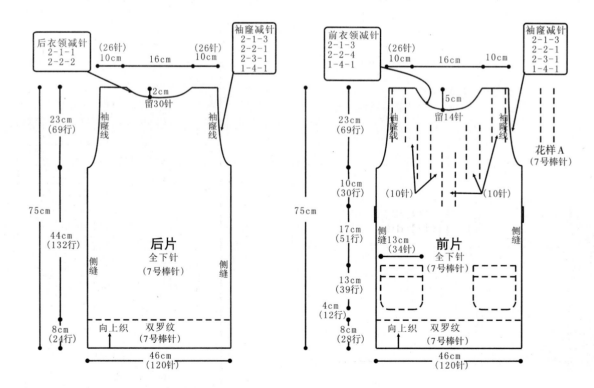

5. 袖片单独编织。从袖口起织，起62针后，编织双罗纹针，编织80cm后，改为全下针编织，两侧同时加针编织，加针方法为如图所示。编织43cm后，开始编织袖山：从第一行起减针编织，两侧同时减针，减针方法如图。最后余下22针，收针断线。用同样的方法再编织另一袖片。然后，将两袖片的袖山与衣身的袖窿线边对应缝合，再缝合袖片的侧缝。

6. 挑织衣领。沿着衣领边挑织双罗纹针。编织4cm后，将衣领平均分为4份，选定4条骨，开始在这四个位置加针，加针方法为2-1-12，再不加减针编织2cm收针断线。

7. 编织腰带。起12针，编织单罗纹针，编织1.5米长，收针断线。再起4针，编织单罗纹针，编织5cm长，作为腰带扣缝合于衣服腰部侧缝处。用同样方法编织另一腰带扣，缝合。

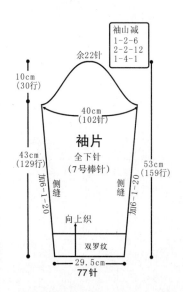

袖山减
1-2-6
2-2-12
1-4-1

余22针

10cm
(30行)

40cm
(102针)

袖片

全下针
(7号棒针)

43cm
(129行)

53cm
(159行)

加6-1-20
侧缝

加6-1-20
侧缝

向上织

双罗纹

29.5cm
77针

符号说明：

□ 上针

□＝□ 下针

右上3针与左下3针交叉

2-1-1 行-针-次

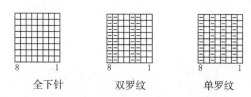

全下针

双罗纹

单罗纹

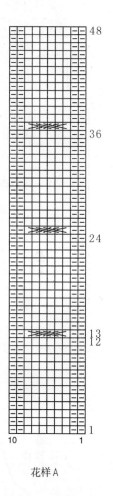

花样A

浪漫小翻领长袖装

【成品规格】衣长73cm　胸围90cm　袖长54cm

【工具】14号棒针　10号棒针

【材料】中粗毛线

【编织密度】10cm²：20针×22行

【制作说明】休闲样式，前片为组合花样，后片和袖织普花；各衣边与花样衔接处织双层边。

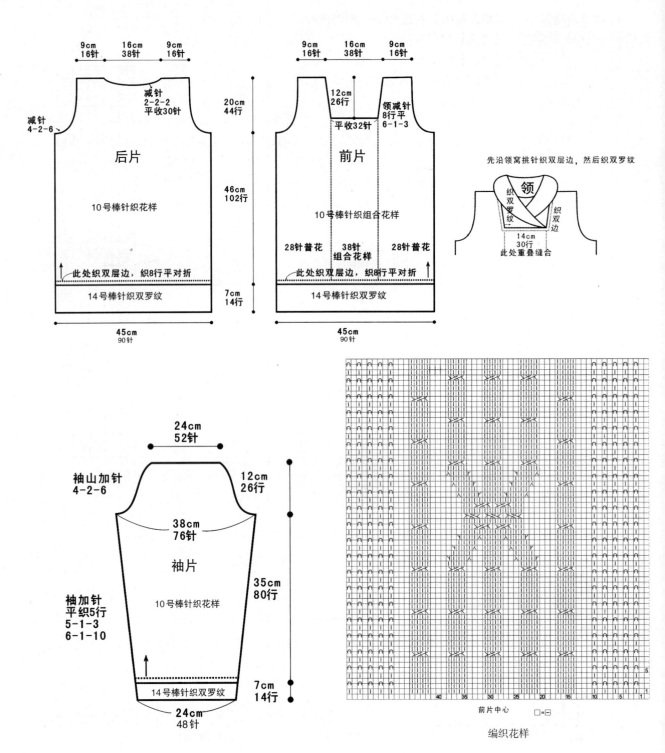

9cm 16针　16cm 38针　9cm 16针

减针
2-2-2
平收30针

20cm
44行

减针
4-2-6

后片

10号棒针织花样

46cm
102行

此处织双层边，织8行平对折

14号棒针织双罗纹

7cm
14行

45cm
90针

9cm 16针　16cm 38针　9cm 16针

12cm
26行

领减针
8行平
6-1-3

平收32针

前片

10号棒针织组合花样

28针普花　38针 组合花样　28针普花

此处织双层边，织8行平对折

14号棒针织双罗纹

45cm
90针

先沿领窝挑针织双层边，然后织双罗纹

领

织双罗纹

织双层边

14cm
30行

此处重叠缝合

24cm
52针

袖山加针
4-2-6

12cm
26行

38cm
76针

袖片

10号棒针织花样

35cm
80行

袖加针
平织5行
5-1-3
6-1-10

14号棒针织双罗纹

7cm
14行

24cm
48针

前片中心　□=□

编织花样

秀美连帽装

【成品规格】衣长60cm　胸围90cm

【工具】10号棒针

【材料】中粗毛线　纽扣7粒

【编织密度】10cm²：20针×22行

【制作说明】

1. 织后片，起220针，按下面的图解织花样，织40cm长后开始加针，每行的第一针加1针。一直加到斜边长度为40cm（加针的斜边长度可以适当的调整）。

2. 织前片，起66针30cm宽，然后织240cm长；包含帽子的高度。

3. 前后片织好后，先缝合后片的袖口，再把前片和后片相连。

4. 缝上纽扣，完成。

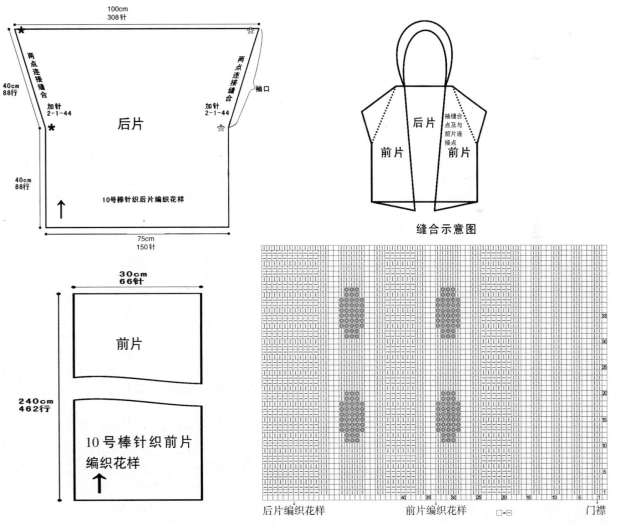

缝合示意图

新颖翻领装

【成品规格】衣长73cm　胸围90cm　袖长30cm

【工具】10号棒针　12号棒针

【材料】中粗铁灰色毛线

【编织密度】10cm²：22针×25行

【制作说明】后片：用12号棒针起96针，织双罗纹4cm后，换针织平针，上针插肩袖。
前片：用12号棒针起56针，织双罗纹4cm后，换针织花样，边缘6cm为门襟，一直织花样。织15cm后，分成两部分织，里侧12针织平针，织至12cm后停，另一侧分别织衣袋口和身片部分；织至12cm后两片合起来继续织，直至完成。袖：织花样，袖口织双罗纹。口袋：另织口袋的内层，缝合在衣袋部位。领：另起织平针，织120cm，缝合在领子部位。

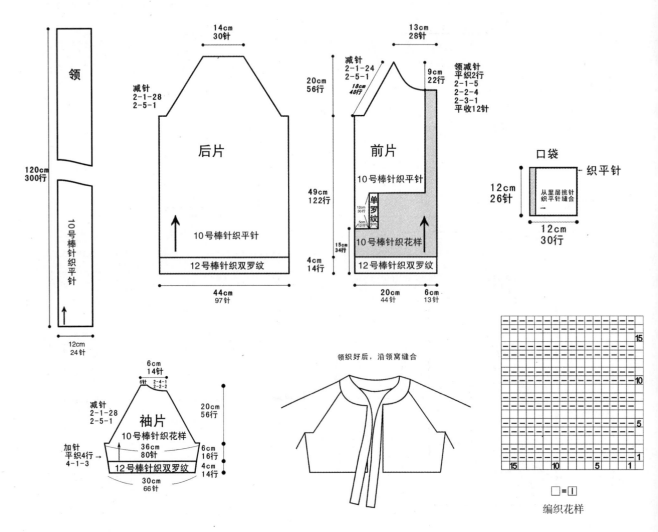

领
120cm
300行
10号棒针织平针
12cm
24针

14cm
30针
减针
2-1-28
2-5-1
后片
10号棒针织平针
12号棒针织双罗纹
44cm
97针

13cm
28针
减针
2-1-24
2-5-1
18cm
48行
20cm
56行
9cm
22针
领减针
平针织2行
2-1-5
2-2-4
2-3-1
平收12针
前片
10号棒针织平针
49cm
122行
单罗纹
12cm
30行
5cm
13行
15cm
34行
10号棒针织花样
4cm
14行
12号棒针织双罗纹
20cm
44针
6cm
13针

口袋
12cm
26针
织平针
从里层挑针织平针缝合
12cm
30行

6cm
14针
6针
2-1-1
2-2-2
减针
2-1-28
2-5-1
袖片
10号棒针织花样
20cm
56行
加针
平织4行
4-1-3
36cm
80针
6cm
16行
12号棒针织双罗纹
4cm
14行
30cm
66针

领织好后，沿领窝缝合

15
10
5
1
15　　10　　5　　1

□=▯

编织花样

100

金属质感长款装

【成品规格】衣长120cm　胸围90cm　袖长56cm

【工具】10号棒针　12号棒针

【材料】中粗黑色毛线　蘑菇扣10粒

【编织密度】10cm²：27针×30行

【制作说明】后片：起104针织12cm双罗纹，换针继续编织，直到完成。前片：开衫，起52针织双罗纹边后，织组合花样，门襟与身片同织，为单罗纹。口袋：衣袋另织，缝合。另织两片衣袋口作为装饰，织好后缝合。领：各片完成后缝合，最后挑针织领。

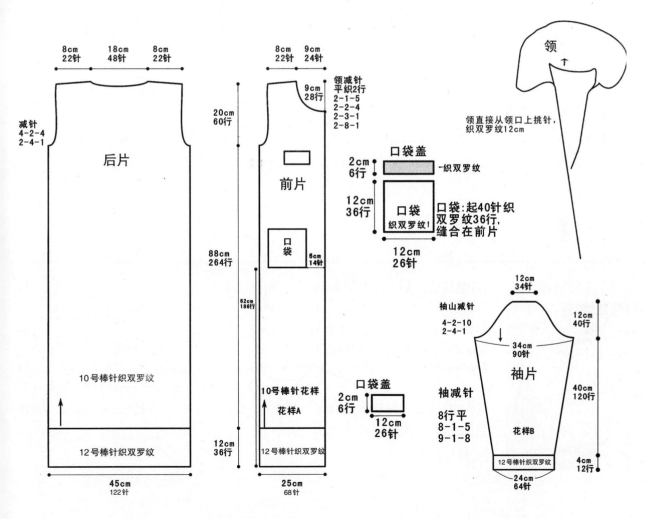

后片

8cm 22针　18cm 48针　8cm 22针

减针 4-2-4 2-4-1

20cm 60行

88cm 264行

10号棒针织双罗纹

62cm 186行

12号棒针织双罗纹

12cm 36行

45cm 122针

前片

8cm 22针　9cm 24针

领减针 平织2行 2-1-5 2-2-4 2-3-1 2-8-1

9cm 28行

口袋

6cm 14针

10号棒针花样 花样A

12号棒针织双罗纹

12cm 36行

25cm 68针

口袋盖

2cm 6行 -织双罗纹

12cm 36行 口袋 织双罗纹!

12cm 26针

口袋：起40针织双罗纹36行，缝合在前片

口袋盖

2cm 6行

12cm 26针

领

领直接从领口上挑针，织双罗纹12cm

12cm 34针

袖山减针 4-2-10 2-4-1

34cm 90针

袖片

12cm 40行

袖减针 8行平 8-1-5 9-1-8

40cm 120行

花样B

12号棒针织双罗纹

4cm 12行

24cm 64针

101

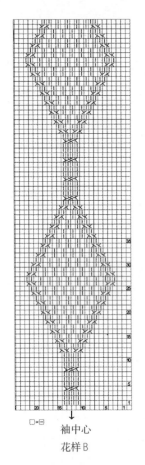

□=⊟

袖中心
花样B

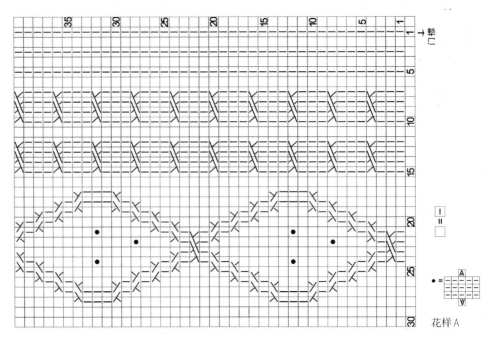

门襟

⊡
=
⊡

• =

花样A

靓丽翻领衫

【成品规格】衣长83cm　胸围90cm　袖长11cm

【工具】7号棒针

【材料】中粗灰色毛线　纽扣3粒

【编织密度】10cm²：19针×22行

【制作说明】后片：起80针，织花样，每两行两侧各加两针，形成斜角；织12cm；按图解依次减针，形成扇形；开挂肩，两侧递加针，加出袖山。前片：前片同后片，花样按图解织，开始分袖时领窝开始收针。领：先沿领窝挑出针织立领，织好沿前片两侧挑针织领边，底部缝合。

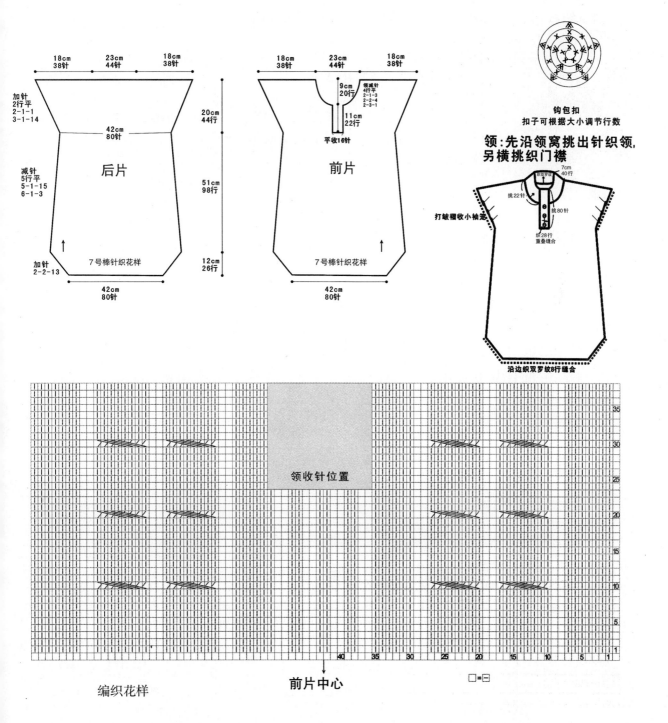

18cm
38针
23cm
44针
18cm
38针

加针
2行平
2-1-1
3-1-14

42cm
80针

20cm
44行

减针
5行平
5-1-15
6-1-3

后片

51cm
98行

加针
2-2-13

7号棒针织花样

12cm
26行

42cm
80针

18cm
38针
23cm
44针
18cm
38针

9cm
20行

领减针
4行平
2-1-3
2-2-4
2-3-1

11cm
22行

平收16针

前片

7号棒针织花样

42cm
80针

钩包扣
扣子可根据大小调节行数

领:先沿领窝挑出针织领,
另横挑织门襟

挑22针

挑80针

打皱褶收小袖笼

7cm
40行

织28行
重叠缝合

沿边织双罗纹8行缝合

35

30

25

领收针位置

20

15

10

5

1

40   35   30   25   20   15   10   5   1

编织花样

前片中心

□=□

103

创意纽扣衫

【成品规格】衣长83cm　胸围88cm　袖长56cm

【工具】12号棒针

【材料】中粗黑色毛线　纽扣21粒

【编织密度】$10cm^2$：25针×27行

【制作说明】后片：起100针织双罗纹，一直织至完成。前片：前片同后片。袖：起18针，按图示加针织出袖山，然后织袖筒。门襟：门襟挑针横织双罗纹，开扣眼。荷叶边：沿门襟及领让后5cm，起针织单罗纹，织3cm后改织双元宝针。缝合各部位，完成。

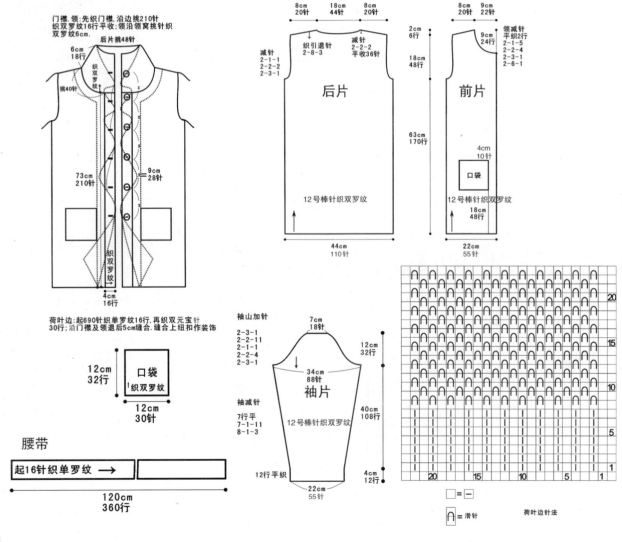

门襟.领：先织门襟，沿边挑210针
织双罗纹16行平收；领沿领窝挑针织
双罗纹6cm。

后片挑48针

6cm
18行

织双罗纹

挑40针

73cm
210针

9cm
28针

织双罗纹

4cm
16行

荷叶边：起690针织单罗纹16行，再织双元宝针
30行；沿门襟及领退后5cm缝合。缝合上纽扣作装饰

12cm
32行　口袋　织双罗纹

12cm
30针

腰带

起16针织单罗纹 →

120cm
360行

8cm
20针　18cm　44针　8cm　20针

织引退针
2-8-3

减针
2-2-2
平收36针

减针
2-1-1
2-2-2
2-3-1

后片

12号棒针织双罗纹

44cm
110针

8cm　20针　9cm　22针

2cm
6行

9cm
24针

领减针
平织2行
2-1-5
2-2-4
2-3-1
2-6-1

18cm
48行

前片

63cm
170行

4cm
10针

口袋

12号棒针织双罗纹

18cm
48行

22cm
55针

袖山加针
2-3-1
2-2-11
2-1-1
2-2-4
2-3-1

7cm
18针

12cm
32行

34cm
88针

袖片

袖减针

7行平
7-1-11
8-1-3

12号棒针织双罗纹

40cm
108行

12行平织

4cm
12行

22cm
55针

□ = ⊡

∩ = 滑针　　荷叶边针法

104

魅力连帽装

【成品规格】衣长73cm　胸围90cm　袖长56cm

【工具】12号棒针　13号棒针

【材料】中细铁灰色毛线　纽扣4粒　牛角扣5套

【编织密度】10cm²：33针×36行

【制作说明】

1. 起158针织3cm平针，对折成双边，继续织平针，织170行平收。

2. 起146针织平针，织68行。

3. 起22针织单罗纹腰带，连接上下两片。

4. 织前片，前片比后片的一半少4cm，织收腰样式。

5. 口袋：另起针织平针，织好缝合。

6. 袖：袖从上往下织，袖口另织缝合。

7. 帽：沿领窝挑针织帽。

8. 钩饰扣，缀牛角扣，缝合所有部分，完成。

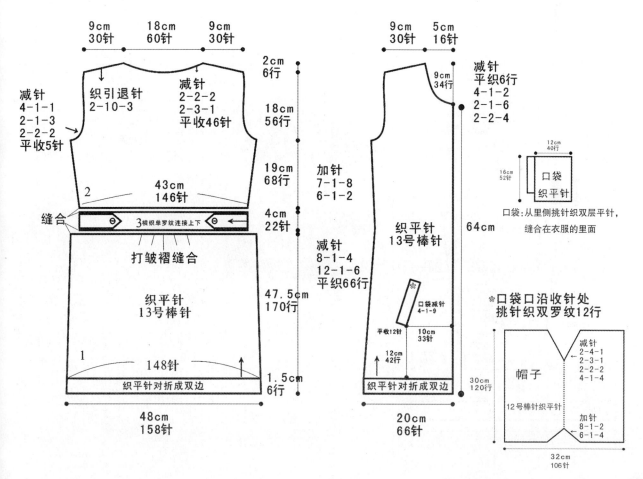

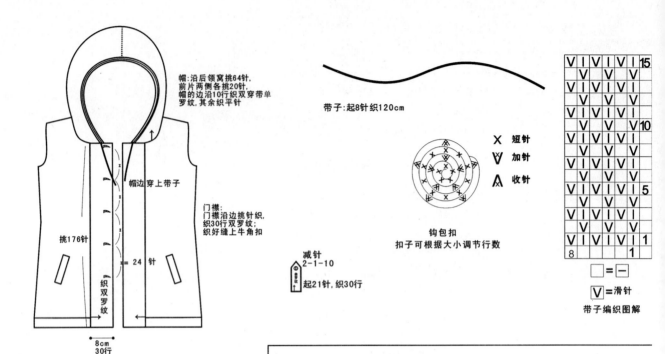

帽：沿后领窝挑64针，前片两侧各挑20针，帽的边沿10行织双穿带单罗纹，其余织平针

帽边穿上带子

门襟：门襟沿边挑针织，织30行双罗纹，织好缝上牛角扣

挑176针

⊨ = 24 针

织双罗纹

8cm
30行

带子：起8针织120cm

减针
2-1-10
起21针，织30行

X 短针
V 加针
A 收针

钩包扣
扣子可根据大小调节行数

□ = —
V = 滑针

带子编织图解

袖山加针
2-4-1
2-3-1
2-2-8
2-1-9
2-2-1
2-3-1
2-4-1

9cm
30针

34cm
112针

12cm
44行

袖减针
7行平
7-1-13
8-1-3

袖片

织平针
13号棒针

40cm
144行

4cm
11针

减针2-1-5

织单罗纹

26cm
96行

唯美V领装

【成品规格】衣长73cm　胸围90cm　袖长56cm

【工具】10号棒针

【材料】中粗灰色毛线　纽扣7粒

【编织密度】$10cm^2$：27针×33行

【制作说明】后片：起148针织4cm平针，对折成双边，继续织平针，平织30行，收腰线，12行收1针收3次，8行收1针收5次；然后开始加针，8行加1针加6次，10行加1针加2次。前片：前片为双层，分两部分织，先织里层，再织外层，然后缝合。口袋：另起针织口袋口，缝合在前片。袖片：起30针，按图示加针织出袖山，然后织袖筒；袖口为喇叭式。钩扣子，缝合各部位，完成。

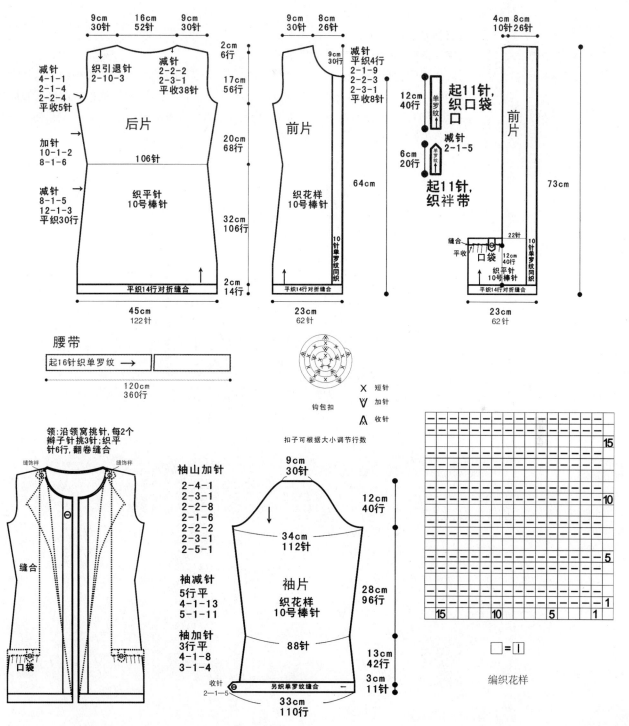

后片

9cm 30针　16cm 52针　9cm 30针

2cm 6行
织引退针 2-10-3
减针 2-2-2 2-3-1 平收38针
17cm 56行

减针 4-1-1 2-1-4 2-2-4 平收5针

加针 10-1-2 8-1-6
106针
20cm 68行

减针 8-1-5 12-1-3 平织30行

后片
织平针 10号棒针
32cm 106行

2cm 14行
平织14行对折缝合
45cm 122针

前片

9cm 30针　8cm 26针
9cm 30针
减针 平收4行 2-1-9 2-2-3 2-3-1 平收8针

前片
织花样 10号棒针
20cm 68行

64cm

32cm 106行
10针单罗纹同织

2cm 14行
平织14行对折缝合
23cm 62针

4cm 8cm　10针 26针

12cm 40行 单罗纹
起11针，织口袋

减针 2-1-5

6cm 20行 单罗纹
起11针，织祥带

前片
73cm

缝合 平收 口袋 22针
12cm 40行 织平针 10号棒针 10针单罗纹织
平织14行对折缝合
23cm 62针

腰带
起16针织单罗纹 →
120cm 360行

钩包扣
X 短针
V 加针
A 收针
扣子可根据大小调节行数

领：沿领窝挑针，每2个辫子针挑3针；织平针6行，翻卷缝合
缝饰祥　缝饰祥
缝合
口袋

袖片

袖山加针
2-4-1
2-3-1
2-2-8
2-1-6
2-2-2
2-3-1
2-5-1

袖减针
5行平
4-1-13
5-1-11

袖加针
3行平
4-1-8
3-1-4

9cm 30针
12cm 40行
34cm 112针

袖片
织花样 10号棒针
28cm 96行
88针

13cm 42行
3cm 11针

收针 2-1-5
另织单罗纹缝合
33cm 110行

15　10　5　1
15　10　5　1

□ = Ｉ

编织花样

新奇褶皱衫

【成品规格】衣长73cm　胸围84cm　袖长24cm

【工具】11号棒针

【材料】灰色毛线

【编织密度】10cm²：27针×30行

【制作说明】后片：起136针织12行双罗纹，上面织平针，如图示收腰线。前片：起68针，连接门襟的一端织反针，另一侧织平针，收针同后片。袖：将袖口褶皱成自己想要的宽度，挑针织双罗纹4cm。门襟：整个衣服的亮点，沿边挑针织花样，织到想要的宽度即可。

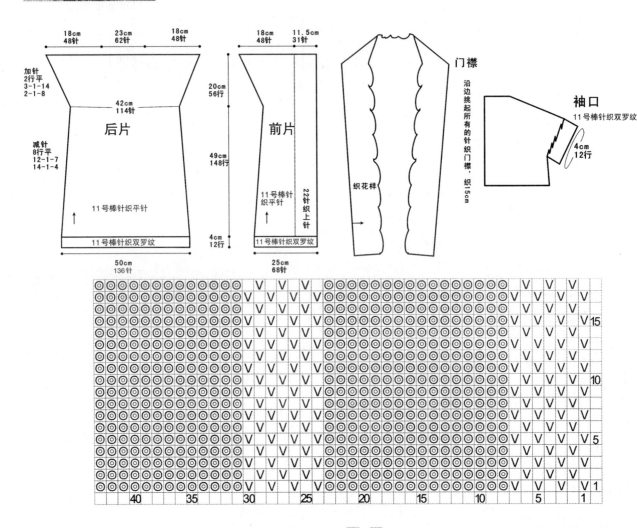

编织花样　　□=□

108

妩媚下摆装

【成品规格】衣长83cm　胸围84cm　袖长22cm

【工具】11号棒针

【材料】紫色毛线

【编织密度】10cm²：27针×30行

【制作说明】后片：起136针织15cm花样，上面织平针，如图示收腰线。前片：同后片。袖：起针稍多一点，缝合成泡泡袖。领：另起针织一条围巾，缝合在领窝即可。

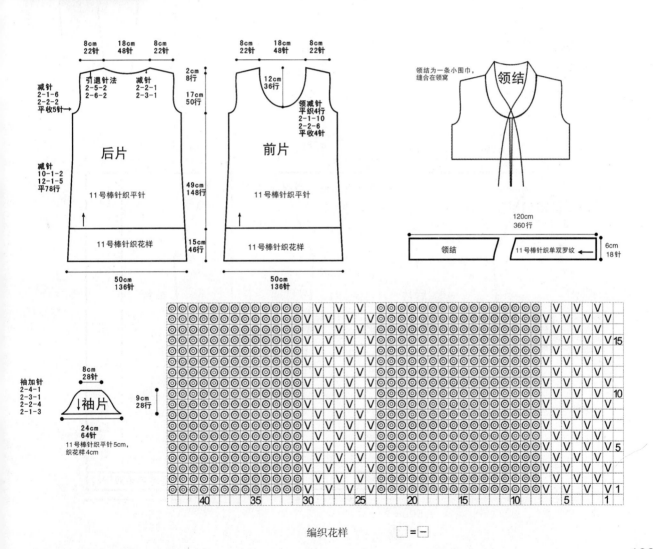

后片

8cm 22针　18cm 48针　8cm 22针

减针
2-1-6
2-2-2
平收5针→

引退针法
2-5-2
2-6-2

减针
2-2-1
2-3-1

2cm 8行
17cm 50行

减针
10-1-2
12-1-5
平78行

11号棒针织平针

49cm 148行

11号棒针织花样

15cm 46行

50cm 136针

前片

8cm 22针　18cm 48针　8cm 22针

12cm 36行

领减针
平织4行
2-1-10
2-2-6
平收4针

11号棒针织平针

11号棒针织花样

50cm 136针

领结

领结为一条小围巾，缝合在领窝

领结

120cm 360行

领结 ｜ 11号棒针织单双罗纹 ←

6cm 18针

袖片

袖加针
2-4-1
2-3-1
2-2-4
2-1-3

8cm 28针

↓袖片

9cm 28行

24cm 64针

11号棒针织平针5cm，织花样4cm

15
10
5
1

40　35　30　25　20　15　10　5　1

编织花样　□ = 一

109

温馨开襟衫

【成品规格】衣长73cm　胸围84cm　袖长15cm

【工具】11号棒针

【材料】灰色毛线

【编织密度】10cm²：27针×30行

【制作说明】后片：起136针织12行双罗纹，上面织平针，如图示收腰线。前片：起68针，连接门襟的一端织反针，另一侧织平针，收针同后片。袖片：将袖口褶皱成自己想要的宽度，挑针织平针6行对折缝合。门襟：沿边挑针织双罗纹，织12cm。

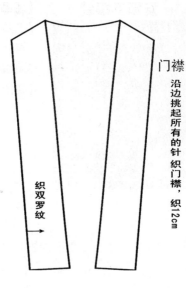

门襟
沿边挑起所有的针织门襟，织12cm

袖口
11号棒针织平针

2cm
6行

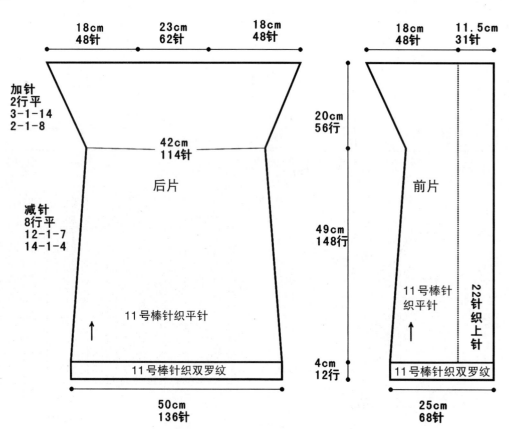

18cm 48针　23cm 62针　18cm 48针

加针
2行平
3-1-14
2-1-8

42cm
114针

后片

减针
8行平
12-1-7
14-1-4

11号棒针织平针

11号棒针织双罗纹

50cm
136针

18cm 48针　11.5cm 31针

20cm
56行

前片

49cm
148行

11号棒针织平针

22针织上针

4cm
12行

11号棒针织双罗纹

25cm
68针

怀旧立领装

【成品规格】衣长73cm　胸围88cm　袖长56cm

【工具】14号棒针　12号棒针

【材料】中细紫色毛线

【编织密度】10cm²：33针×36行

【制作说明】后片：起104针织12cm双罗纹，换针织平针，直到完成。前片：基本同后片。袖片：织花样，按图解织，注意两边花样的对称。领：挑出领窝所有的针，织双罗纹15cm。

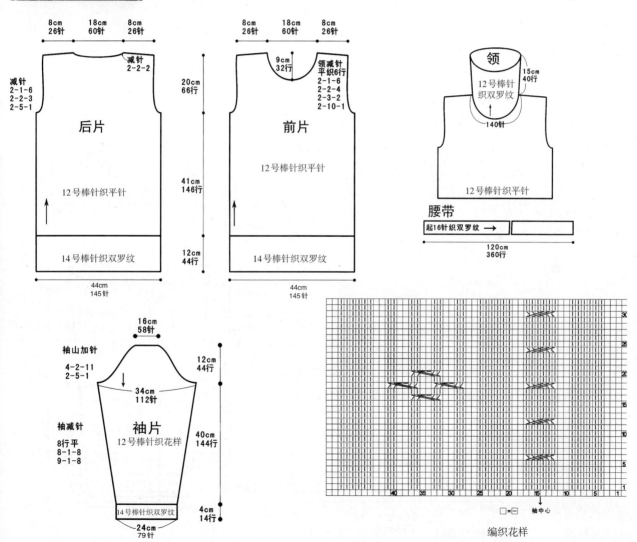

后片

8cm 26针　18cm 60针　8cm 26针

减针
2-1-6
2-2-3
2-5-1

减针
2-2-2

20cm 66行

41cm 146行

12号棒针织平针

12cm 44行

14号棒针织双罗纹

44cm 145针

前片

8cm 26针　18cm 60针　8cm 26针

9cm 32行

领减针
平织6行
2-1-6
2-2-4
2-3-2
2-10-1

12号棒针织平针

14号棒针织双罗纹

44cm 145针

领

15cm 40行

12号棒针织双罗纹

140针

12号棒针织平针

腰带

起16针织双罗纹 →

120cm 360行

袖片

16cm 58针

袖山加针
4-2-11
2-5-1

12cm 44行

34cm 112针

袖减针
8行平
8-1-8
9-1-8

40cm 144行

12号棒针织花样

14号棒针织双罗纹

24cm 79针

4cm 14行

□=□

袖中心

编织花样

111

优美大翻领装

【成品规格】衣长75cm　胸围92cm　袖长53cm　肩宽36cm

【工具】7号棒针

【材料】灰色羊毛线　大扣子8粒

【编织密度】10cm²：26针×30行

【制作说明】

1. 后片为一片编织，用7号棒针从衣摆往上织，起120针编织花样A，编织52cm后，开始袖窿减针，方法顺序如图。后片的两侧袖窿减针数为12针。减针后，不加减针往上共编织21cm的高度后，从织片的中间留30针不织，两侧余下的针数，后领侧减针，方法如图。最后两侧余下26针，收针断线。

2. 前片为分左右两片横向编织，编织方法相同，方向对应相反。从衣襟处起针，起182针，编织花样B，编织8cm后，开始前衣领加针，方法如图。共编织18行，共加13针，不加减针往左织，编织10cm后，开始袖窿减针，方法顺序如图。共减60针后，不加减针再编织4行，共编织15行后，收针断线。注意在前片编织到13cm高时，在离衣摆边缘34cm的地方留8针收针不织，作为口袋口，继续织13cm高后，对应位置再起8针继续织，也就是留一块8针×39行的方片不织。再挑起口袋边缘纵向编织，织10行后，收针断线，再将挑织的片两侧与衣身缝合。

3. 用同样的方法编织另一前片。编织完成后，将两侧缝对应缝合，两肩缝对应缝合。

4. 口袋编织。在上面留出的口袋边缘纵向挑织13cm×26cm方片，编织全下针，编织完成后，与留口的另一边合并收针断线。用同样方法编织另一口袋片，缝合于前片图示位置。再将两口袋片的两侧缝合。

5. 袖片单独编织。从袖口起织，起62针后，编织花样A，两侧同时加针编织，加针方法如图。编织43cm后，开始编织袖山：从第一行起减针编织，两侧同时减针，减针方法如图。最后余下22针，收针断线。用同样的方法再编织另一衣袖片。然后，将两袖片的袖山与衣身的袖窿线边对应缝合，再缝合袖片的侧缝。

6. 衣领单独横向编织。起40针编织花样B。不加减针编织46cm后，收针断线。再将衣领缝合于衣服领口处。

7. 编织腰带。起12针，编织花样B，编织1.5m长，收针断线。再起4针，编织花样B，编织5cm长，作为腰带扣缝合于衣服腰部侧缝处，用同样方法编织另一腰带扣，缝合。

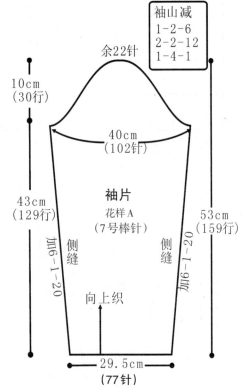

袖山减
1-2-6
2-2-12
1-4-1

余22针

10cm
(30行)

40cm
(102针)

43cm
(129行)

袖片
花样A
(7号棒针)

53cm
(159行)

加6-1-20　侧缝

侧缝　加6-1-20

向上织

29.5cm
(77针)

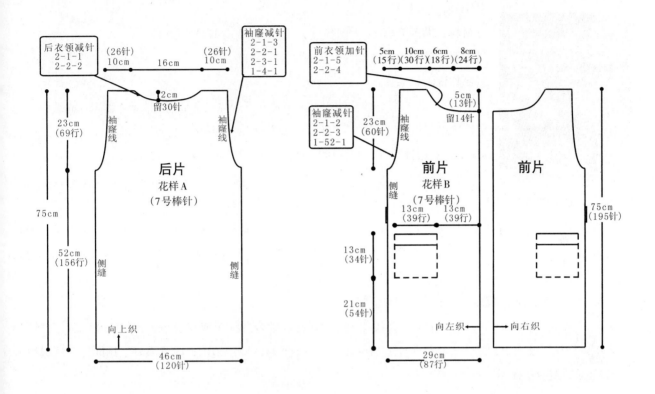

后衣领减针
2-1-1
2-2-2

(26针)
10cm

16cm

(26针)
10cm

袖窿减针
2-1-3
2-2-1
2-3-1
1-4-1

2cm
留30针

前衣领加针
2-1-5
2-2-4

5cm 10cm 6cm 8cm
(15行)(30行)(18行)(24行)

5cm
(13针)
留14针

袖窿减针
2-1-2
2-2-3
1-52-1

23cm
(60针)

袖窿线

23cm
(69行)

袖窿线

袖窿线

后片
花样A
(7号棒针)

前片
花样B
(7号棒针)

前片

75cm

52cm
(156行)

侧缝

侧缝

侧缝

13cm
(39行)

13cm
(39行)

13cm
(34针)

21cm
(54针)

75cm
(195针)

向上织

46cm
(120针)

向左织 ←

29cm
(87行)

→ 向右织

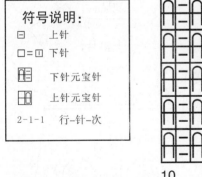

符号说明：

⊟　　上针

□=□　下针

下针元宝针

上针元宝针

2-1-1　行-针-次

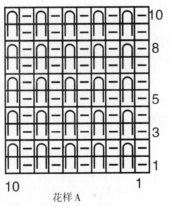

10

8

5

3

1

10　　　　　1

花样A

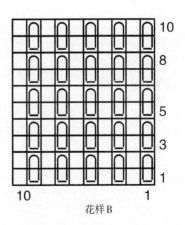

10

8

5

3

1

10　　　　　1

花样B

黑色雅致圆领装

【成品规格】衣长75cm　胸围92cm　肩宽36cm

【工具】7号棒针

【材料】黑色羊毛线

【编织密度】10cm²：26针×30行

【制作说明】

1. 整件衣服分两片编织，上身片和下身片，全部用7号棒针编织。先编织下身片，从衣摆往上圈织，起288针编织全下针，编织12行后，折叠合并编织双层衣摆，将衣摆针数共分前片后片2份，分别取中心位置，编织花样C，共18针，两侧位置一边编织一边减针，方法为8-1-12，减针后最后留240针，不加减针往上共编织37cm，收针断线。

2. 上身片为一片横向编织，起74针，先编织12针花样B，再编织50针上针，再编织12针花样B，如此往左编织，每编织2行，衣领侧花样B挑起不织，其他加织2行，最后衣领共编织216行，衣身共编织432行，与起针缝合。

3. 上下身片编织完成后，将前后腰部对应缝合。

4. 口袋编织。起78针，编织全下针，编织8行后，与起针合并编织成双层边，再编织8cm后，收针断线，将口袋片围成圆状，缝合于衣摆前片适当位置，再将绳子穿入双层边内，收紧系好。用同样方法编织另一口袋片，缝合于图示位置。

5. 挑织衣领。沿着衣领边挑织全下针。编织6cm后收针断线。

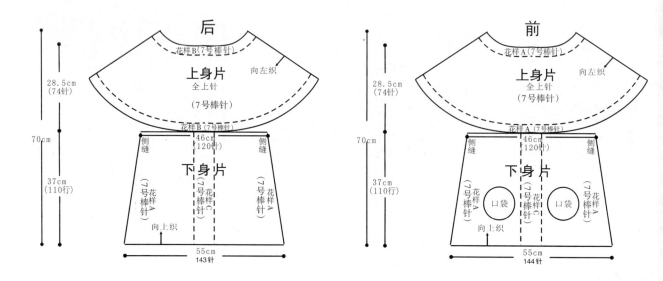

全上针

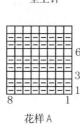
花样A

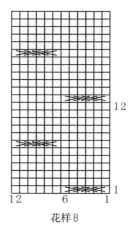
花样B

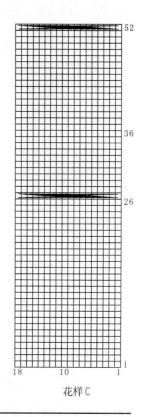
花样C

纯黑短袖衫

【成品规格】衣长75cm　胸围92cm　肩宽36cm

【工具】7号棒针

【材料】黑色羊毛线

【编织密度】10cm²：26针×30行

【制作说明】

1. 整件衣服分两片横向编织，上身片和下身片，全部用7号棒针编织。先编织下身片，从衣襟起织，起112针。先编织14针花样B，再编织42针全上针，再编织14针花样B，再编织42针全上针，不加减针往右编织至92cm后，收针断线。

2. 上身片为一片横向编织，起74针，先编织14针花样B，再编织46针上针，再编织12针花样A，如此往左编织，每编织2行，衣领侧花样B挑起不织，其他加织2行，最后衣领共编织216行，衣身共编织432行。

3. 上下身片编织完成后，将前后腰部对应缝合。另起10针，编织花样B，编织到与前片相同长度，缝合于前衣襟处。用同样方法编织另一衣襟，注意一边钉扣子，另一边要留相应的扣眼。

4. 帽子编织。沿衣领边缘挑起90针，衣襟挑起的部位编织花样B，其余编织全上针，以中心为界两边挑加针，方法如图。加至98针，向上织至26cm左右开始收针，仍以中心为界两边对称收针，方法如图。一边收15针，缝合帽子顶部。

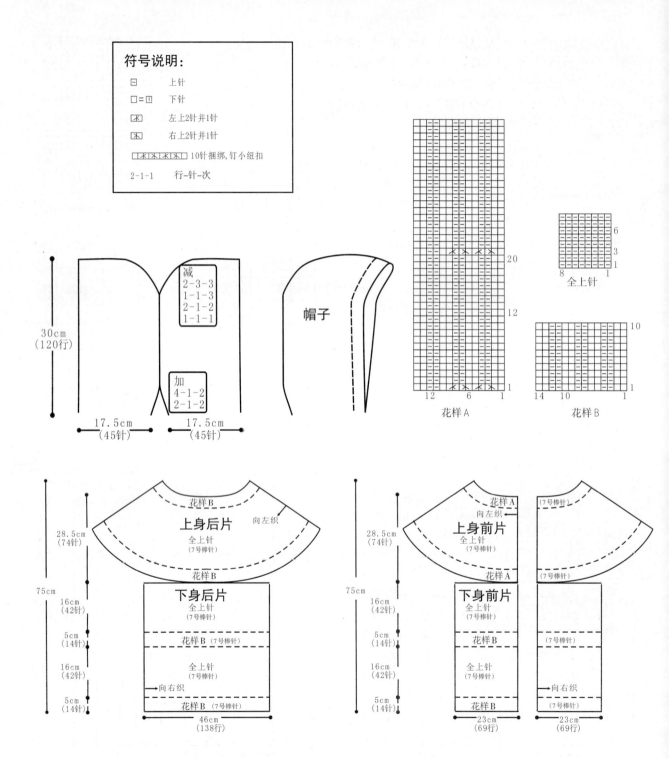

符号说明：
- ⊟　上针
- ☐=⊡　下针
- ☒　左上2针并1针
- ☒　右上2针并1针
- ☐☒☒☒☐　10针捆绑，钉小纽扣
- 2-1-1　行-针-次

减
2-3-3
1-1-3
2-1-2
1-1-1

加
4-1-2
2-1-2

帽子

30cm
（120行）

17.5cm
（45针）

17.5cm
（45针）

全上针

花样A

花样B

上身后片
全上针
（7号棒针）

花样B

花样B

向左织

下身后片
全上针
（7号棒针）

花样B　（7号棒针）

全上针
（7号棒针）

向右织

花样B　（7号棒针）

28.5cm
（74针）

75cm

16cm
（42针）

5cm
（14针）

16cm
（42针）

5cm
（14针）

46cm
（138行）

上身前片
全上针
（7号棒针）

花样A

花样A

向左织

（7号棒针）

下身前片
全上针
（7号棒针）

花样B

全上针
（7号棒针）

向右织

花样B

（7号棒针）

（7号棒针）

28.5cm
（74针）

75cm

16cm
（42针）

5cm
（14针）

16cm
（42针）

5cm
（14针）

23cm
（69行）

23cm
（69行）

无袖圆领飘逸装

【成品规格】衣长70cm　胸围84cm
【工具】7号棒针　9号棒针
【材料】黑色羊毛线
【编织密度】10cm²：26针×40行
【制作说明】

1. 后片为一片编织，从衣摆往上织。起124针，编织全下针，编织12行后，折叠合并编织成双层衣摆，继续往上编织花样A，一边织，一边减针，方法为26-1-7。编织47cm后，开始两侧袖窿减针，方法如图。编织14.5cm后，开始后领减针，方法如图。共编织22行，共减90针，最后两边各留1针，收针断线。

2. 前片为一片编织，编织方法与后片相同。从衣摆往上织。起124针，编织全下针，编织12行后，折叠合并编织成双层衣摆，继续往上编织。在前片的中间编织18针花样B，两侧与后片一样编织花样A，一边织，一边减针，方法为26-1-7。编织47cm后，开始两侧袖窿减针，方法如图，编织10.5cm后，开始前领减针，方法如图。共编织38行，共减90针，最后两边各留1针，收针断线。

3. 将前片的侧缝与后片的侧缝对应缝合。用7号棒针挑织衣领。前片挑织92针，再起80针做衣袖，再挑织后片92针，再起80针衣袖，结合前片起针处圈织双罗纹针，编织10cm后，改用9号棒针编织，再编织10cm后，收针断线。

4. 口袋编织。起78针，编织全下针，编织8行后，与起针合并编织成双层边，再编织8cm后，收针断线，将口袋片围成圆状，缝合于衣摆前片适当位置，再将绳子穿入双层边内，收紧系好。用同样方法编织另一口袋片，缝合于前片图示位置。

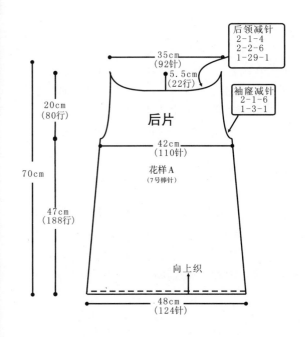

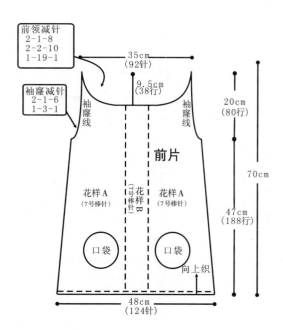

符号说明：
□　上针
□=⊡　下针

右上9针与左下9针交叉

2-1-3　行-针-次

双罗纹

8 2 1

全下针

8 2 1

花样A

8 2 1

花样B

18 　 10 　 1

时尚单排扣黑色装

【成品规格】衣长75cm　胸围92cm　肩宽36cm　袖长20cm

【工具】7号棒针

【材料】黑色羊毛线

【编织密度】10cm²：26针×30行

【制作说明】

1. 整件衣服分两片编织，上身片和下身片，全部用7号棒针编织。先编织下身片，从衣摆往上织，起240针，先编织5cm双罗纹针，再编37cm全上针，收针断线。

2. 上身片为一片横向编织，起74针，先编织12针花样B，再编织50针上针，再编织12针花样B，如此往左编织，每编织2行，衣领侧花样B挑起不织，其他加织2行，最后衣领共编织216行，衣身共编织432行。

3. 上下身片编织完成后，将前后腰部对应缝合。另起10针，编织花样A，编织到与前片相同长度，缝合于前衣襟处。用同样方法编织另一衣襟，注意一边钉扣子，另一边要留相应的扣眼。

4. 口袋编织。编织13cm×13cm圆角方片，编织方法是：起34针，编织花样A，不加减针往上编织13cm，收针断线。用同样方法编织另一口袋片，缝合于前片图示位置。

5. 挑织衣领。沿着衣领边挑织全下针。编织6cm后针断线。

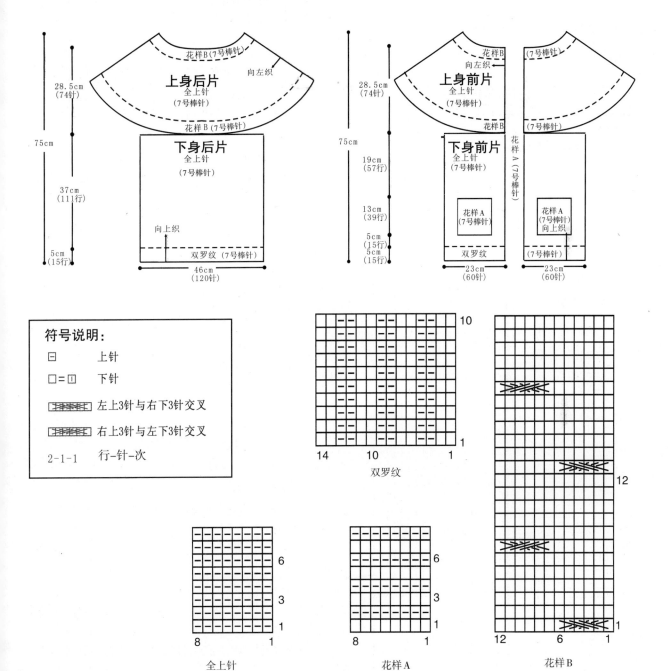

符号说明：

⊟　　上针

□=⊡　　下针

▨▨▨▨▨▨　左上3针与右下3针交叉

▨▨▨▨▨▨　右上3针与左下3针交叉

2-1-1　　行-针-次

上身后片
全上针
（7号棒针）

花样B（7号棒针）
向左织
花样B（7号棒针）

下身后片
全上针
（7号棒针）

向上织

双罗纹（7号棒针）

28.5cm
（74针）

75cm

37cm
（111行）

5cm
（15行）

46cm
（120针）

上身前片
全上针
（7号棒针）

花样B
向左织
花样B

（7号棒针）

（7号棒针）

下身前片
全上针
（7号棒针）

花样A
（7号棒针）

花样A
（7号棒针）
向上织

花样A（7号棒针）

双罗纹

（7号棒针）

28.5cm
（74针）

75cm

19cm
（57行）

13cm
（39行）

5cm
（15行）
5cm
（15行）

23cm
（60针）

23cm
（60针）

双罗纹

14　　10　　　1

10

1

全上针

8　　　　1

6

3

1

花样A

8　　　　1

6

3

1

花样B

12　　　6　　　1

12

1

浪漫气质短袖装

【成品规格】衣长75cm　胸围92cm　肩宽36cm

【工具】7号棒针

【材料】黑色羊毛线

【编织密度】10cm²：26针×30行

【制作说明】

1. 整件衣服分两片编织，上身片和下身片，全部7号针编织。先编织下身片，从衣摆往上圈织，起288针编织双罗纹针，编织4cm后，开始编织花样A，将衣摆针数共分前片后片2部分，两侧一边编织一边减针，方法为8-1-12。减针后最后留240针，不加减针往上共编织37cm，收针断线。

2. 上身片为一片横向编织，起74针，先编织15针花样B，再编织44针上针，再编织15针花样B，如此往左编织，每编织2行，衣领侧花样B挑起不织，其他加织2行，最后衣领共编织216行，衣身共编织432行，与起针缝合。

3. 上下身片编织完成后，将前后腰部对应缝合。

4. 口袋编织。起78针，编织全下针，编织8行后，与起针合并编织成双层边，再编织8cm后，收针断线，将口袋片围成圆状，缝合于衣摆前片适当位置，再将绳子穿入双层边内，收紧系好。用同样方法编织另一口袋片，缝合于前片图示位置。

5. 挑织衣领。沿着衣领边挑织全下针。编织6cm后收针断线。

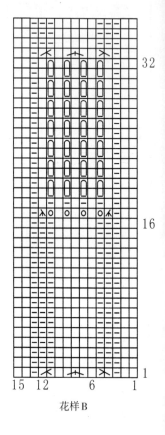

花样B

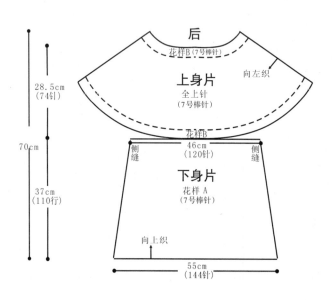

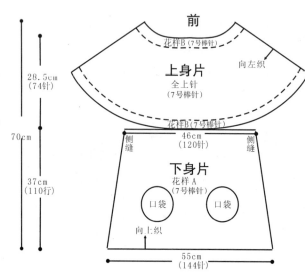

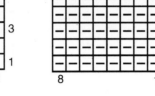

双罗纹

全上针

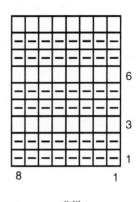

花样A

高领创意装

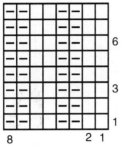

【成品规格】衣长65cm　胸围100cm　袖长18cm
【工具】7号棒针
【材料】黑色羊毛线
【编织密度】10cm²：26针×30行
【制作说明】

1. 衣服分两片编织，前片和后片，从衣摆起织到肩部，全部用7号棒针编织。先编织后片，起130针，先编织12针全下针，往内折叠合并成双层衣摆，再开始编织花样A，编织40cm后，两侧开始衣袖加针，方法如图。每边各加65针，从内往外，编织10针花样D，41针花样A，再编织14针花样B，不加减针往上织23cm后，开始后衣领收针，方法如图。再编织2cm后，收针断线。

2. 前片编织方法与后片相同，编织完双层衣摆后，取前身片中间的18针，编织花样C，两边编织花样A，编织到59cm高后，开始前衣领减针，方法如图。共编织65cm后，收针断线。

3. 编织完成后，将前后身片侧缝对应缝合，衣袖对应缝合。

4. 挑织衣领。挑起的针数要比衣领本身稍多些，编织花样A，不加减针往上织22cm，收针断线。

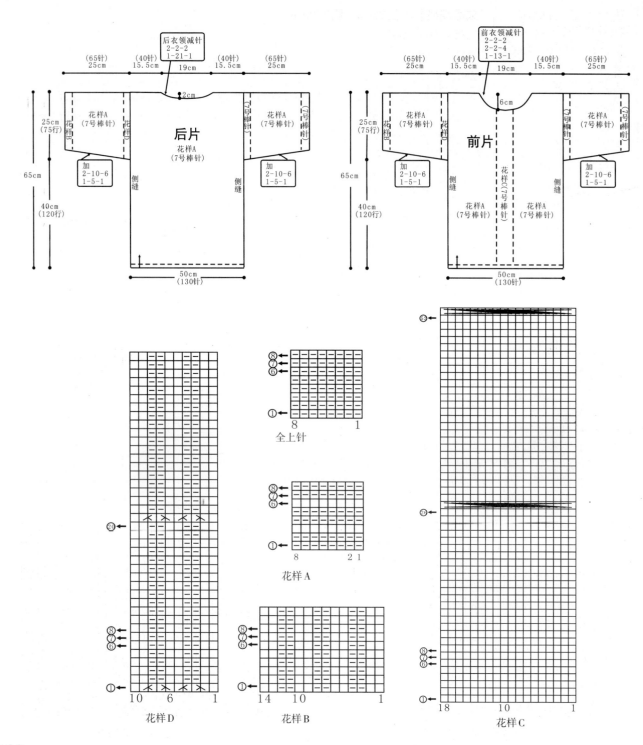

后衣领减针
2-2-2
1-21-1

(65针) (40针) 19cm (40针) (65针)
25cm 15.5cm 15.5cm 25cm

2cm

25cm
(75行)

花样A
(7号棒针)

后片

花样A
(7号棒针)

侧缝 侧缝

花样A
(7号棒针)

65cm

加
2-10-6
1-5-1

加
2-10-6
1-5-1

40cm
(120行)

50cm
(130针)

前衣领减针
2-2-2
2-2-4
1-13-1

(65针) (40针) 19cm (40针) (65针)
25cm 15.5cm 15.5cm 25cm

6cm

25cm
(75行)

花样A
(7号棒针)

前片

花样A
(7号棒针)

侧缝 侧缝

花样A
(7号棒针)

花样C
(7号棒针)

花样A
(7号棒针)

65cm

加
2-10-6
1-5-1

加
2-10-6
1-5-1

40cm
(120行)

50cm
(130针)

⑧
⑦
⑥

①

8 1

全上针

⑧
⑦
⑥

①

8 2 1

花样A

㉔

⑧
⑦
⑥

①

10 6 1

花样D

⑧
⑦
⑥

①

14 10 1

花样B

㉜

㉔

⑧
⑦
⑥

①

18 10 1

花样C

现代气息短袖衫

【成品规格】衣长73cm　胸围90cm

【工具】10号棒针

【材料】中粗毛线

【编织密度】10cm²：22针×22行

【制作说明】从下往上织，在中心线的两侧隔行加针，形成扇形；织35cm时，以中心线为界，等分，分3片织出袖洞；各织18cm后合并继续织至完成。另起56针织衣袋，先织10行单罗纹，继续织元宝针，用带子把起针处穿起来收紧，缝合至前片。

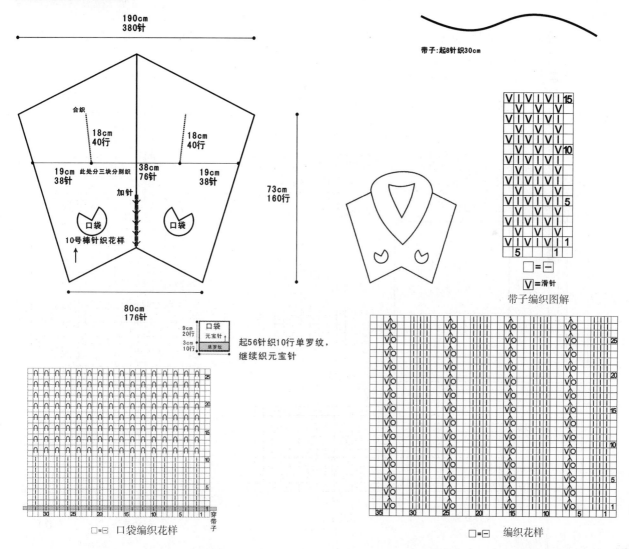

带子:起8针织30cm

带子编织图解

□=⊟

Ⅴ=滑针

190cm
380针

合织

18cm
40行

18cm
40行

19cm
38针

此处分三块分别织

38cm
76针

19cm
38针

加针

73cm
160行

口袋

口袋

10号棒针织花样

80cm
176针

9cm
20行　口袋　元宝针

3cm
10行　单罗纹

起56针织10行单罗纹，继续织元宝针

□=⊟　口袋编织花样

穿带子

□=⊟　编织花样

123

美丽 V 领半袖衫

【成品规格】衣长75cm　胸围92cm　肩宽36cm

【工具】7号棒针

【材料】黑色羊毛线　纽扣2粒

【编织密度】10cm²：19针×32行

【制作说明】

1. 整件衣服分两片编织，上身片和下身片，全部用7号棒针编织。先编织下身片，从衣摆往上织，起168针，先编织11针花样C，作为衣襟，再编织146针双罗纹针，再编11针花样C衣襟，往上编织5cm后，两侧衣襟继续编织花样C，中间编织花样A，不加减针编织47.5cm高后，中间留84针不织，收针，两侧减针，减针方法如图，编织10行后收针断线。注意衣襟编织到图示位置要留出相应纽扣眼，一边留2个，另一边留1个，如图示。

2. 上身片为一片编织，起84针，先织2针下针，再织1针上针，再编织13个花样B，再编织1针上针，2针下针。从第3行起，在每个花样B的中间加1针，编织花样A，作为间隔，即第3行共加12针，以后每2行加1针间隔，共加6次，共加72针，然后不加减针往上织，共编织22.5cm后，织片中间留40针不织，两边分别往上织，再编织60行后，开始将间隔的花样A收针，每2行收1针，共收6次，收针后两边各剩下42针，收针断线。

3. 上下身片编织完成后，按图示将相同标记位置缝合。再钉好纽扣。

4. 口袋编织。起60针，编织全下针，编织6cm高后，与起针合并成双层边，再继续编织3cm后，缝合于下身片图示位置。再将绳子穿入双层边中，系紧。用同样的方法编织另一口袋，缝合。

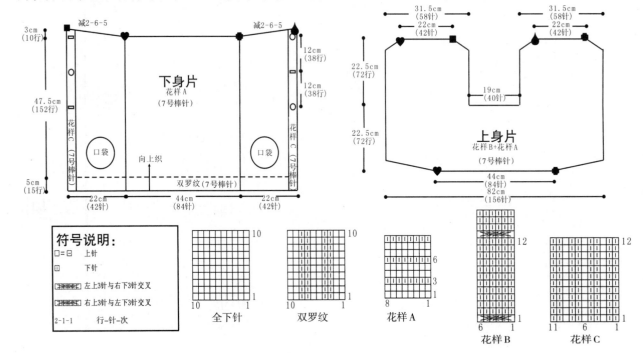

124

文静质感短袖装

【成品规格】衣长65cm　胸围100cm　袖长24cm

【工具】7号棒针

【材料】黑色羊毛线

【编织密度】10cm²：26针×30行

【制作说明】

1. 衣服分两片编织，前片和后片，从衣摆起织到肩部，全部用7号棒针编织。先编织后片，起130针，先编织12针全下针，往内折叠合并成双层衣摆，再开始编织花样A，编织40cm后，两侧开始衣袖加针，方法如图。每边各加65针，从内往外，编织12针花样D，39针花样A，再编织14针花样B，然后不加减针往上织23cm后，开始后衣领收针，方法如图。再编织2cm后，收针断线。

2. 前片编织方法与后片相同，编织完双层衣摆后，取前片中间的18针，编织花样C，两边编织花样A，编织到59cm高后，开始前衣领减针，方法如图。共编织65cm后，收针断线。

3. 编织完成后，将前后片侧缝对应缝合，衣袖对应缝合。

4. 挑织衣领。挑起的针数要比衣领本身稍多些，编织花样A，不加减针往上织22cm，收针断线。

5. 口袋编织。起60针，编织全下针，编织6cm高后，与起针合并成双层边，再继续编织4cm后，缝合于下身片图示位置。注意缝合时边缘留1cm的卷边。再将绳子穿入双层边中，系紧。用同样的方法编织另一口袋，缝合。

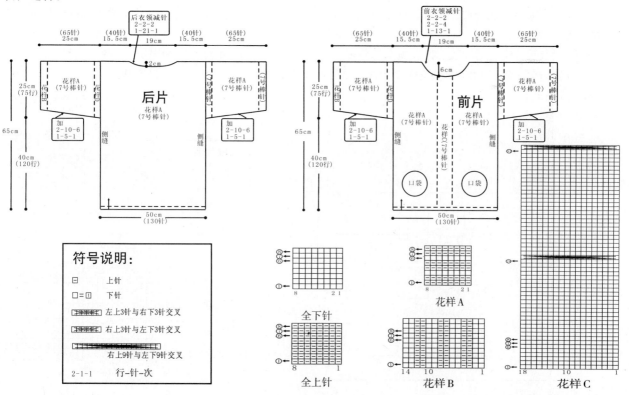

单扣翻领小披肩

【成品规格】衣长58cm　胸围108cm　袖长25cm
【工具】7号棒针
【材料】紫色羊毛线　纽扣1粒
【编织密度】10cm²：26针×26行
【制作说明】

1. 衣服为一片横向编织，起166针(64cm)，先编织25cm(65针)全下针，再编织18针花样A，再编织83针全下针，从第三行起，两侧开始对称加针，加针方法如图。两边各加67针，共织27行，然后不加减针往上编织，共编织19cm后，开始衣领减针，方法是：在织片的正中心位置将织片分成两片编织，左片后衣领减针，方法如图，共减3针，不加减针往上织34行后，再按如图方法加3针，留线待用。另起线编织右片，并开始前衣领减针，方法如图，共织16行，共减28针，再不加减针往上编织5行后，收针断线。

2. 另起122针，编织全下针，先不加减针编织5行，再按如图方法进行前衣领加针，加至132针开始编织花样A，共18针，共编织21行后，挑起之前编织好的后片连起来编织，共织300针，不加减针往上编织22行后，两侧开始对称减针，方法如图，共编织27行，两侧各减67针，收针断线。

3. 挑织衣边。沿衣服下摆挑织双罗纹针，挑起的针数要比衣服本身稍多些，编织7cm（18行）后，收针断线。注意花样A对应的两个袖口位置仍编织18针花样A。

4. 编织完成后，挑织两边衣襟，全下针编织5cm，向内与起针缝合成双层衣襟，注意一边钉纽扣，一边要留相应的扣眼。

5. 挑织衣领。挑起的针数要比衣领本身稍多些，编织双罗纹针，不加减针编织8cm，收针断线。

6. 口袋编织。起30针，编织花样B，编织32行后，再编织6行双罗纹针，收针断线，用同样的方法编织另一口袋片，缝合于图示位置。

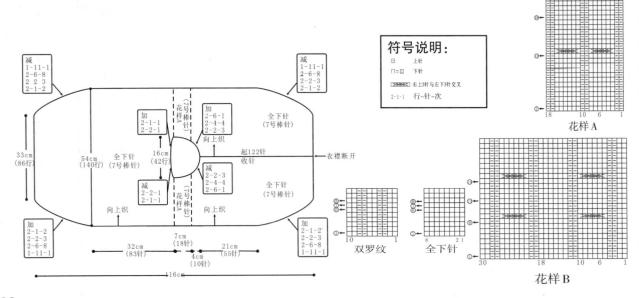

温馨惬意短袖衫

【成品规格】衣长75cm 胸围92cm 肩宽36cm
【工具】7号棒针
【材料】黑羊毛线
【编织密度】10cm²：26针×30行
【制作说明】

1. 整件衣服分两片编织，上身片和下身片，全部用7号棒针编织。先编织下身片，从衣摆往上圈织，起288针编织双罗纹针，编织4cm后，开始编织花样A，将衣摆针数共分前后片2部分，在前片的中间编织一个花样C，两边编织花样A，两侧一边编织一边减针，方法为8-1-12，减针后最后留240针，不加减针往上共编织37cm，收针断线。

2. 上身片为一片横向编织，起74针，先编织2针下针，2针上针，再织10针花样B，再编织46针上针，再编织10针花样B，再编织2针上针，2针下针，如此往左编织，每编织2行，衣领侧花样B挑起不织，其他加织2行，最后衣领共编织216行，衣身共编织432行，与起针缝合。

3. 上下身片编织完成后，将前后腰部对应缝合。

4. 口袋编织。起78针，编织全下针，编织8行后，与起针合并编织成双层边，再编织8cm后，收针断线，将口袋片围成圆状，缝合于衣摆前片适当位置，再将绳子穿入双层边内，收紧系好。用同样方法编织另一口袋片，缝合于前片图示位置。

5. 挑织衣领。沿着衣领边挑织全下针。编织6cm后收针断线。

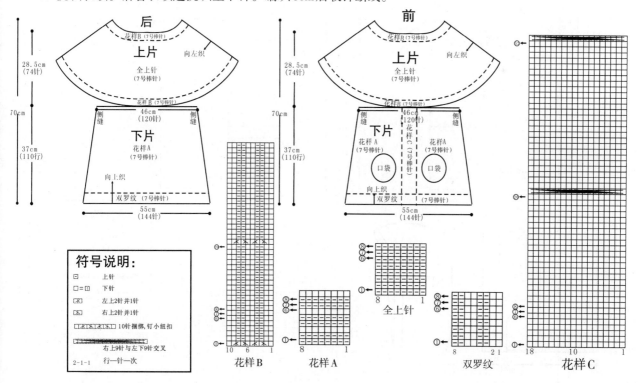

三扣丽人装

【成品规格】衣长75cm　胸围92cm　肩宽36cm

【工具】7号棒针

【材料】黑羊毛线　纽扣3粒

【编织密度】10cm²：26针×30行

【制作说明】

1. 整件衣服分两片向编织，上身片和下身片，全部7号针编织。先编织下身片，从衣襟起织，起112针，先编织12针花样A，再编织44针全上针，再编织12针花样A，再编织44针全上针，不加减针往右编织至92cm，收针断线。

2. 上身片为一片横向编织，起74针，先编织12针花样A，再编织48针上针，再编织12针花样A，如此往左编织，每编织2行，衣领侧花样A挑起不织，其他加织2行，最后衣领共编织216行，衣身共编织432行。

3. 上下身片编织完成后，将前后腰部对应缝合。另起10针，编织花样B，编织到与前片相同长度，缝合于前衣襟处。用同样方法编织另一衣襟，注意一边钉纽扣，另一边要留相应的扣眼。

4. 帽子编织。沿衣领边缘挑起90针，衣襟挑起的部位编织花样B，其余编织全上针，以中心为界两边挑加针，方法如图。加至98针，向上织至26cm左右开始收针，仍以中心为界两边对称收针，方法如图。一边收15针，缝合帽子顶部。

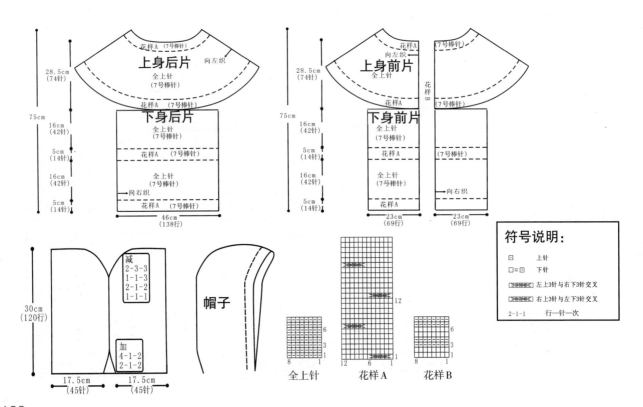

可爱舒适装

【成品规格】 衣长75cm　　胸围92cm　　肩宽36cm

【工具】 7号棒针

【材料】 黑羊毛线

【编织密度】 10cm²：30针×40行

【制作说明】

1. 衣服分前后两片纵向编织，全部用7号棒针编织。先编织后片，从衣襟起织，起139针，编织花样A，不加减针往上编织至8cm后，改为全下针，编织57cm后，中间留49针不织，两边各收45针，断线。

2. 前片为一片纵向编织，起139针，先编织8cm花样A，改为全下针编织，编织5cm后，开始编织口袋。两边各留5cm不织，中间部边一边织一边两侧对称收针，方法是2-1-4、4-1-6、8-1-2。共织48行后，留针待用。另起108针，编织全下针，不加减针编织10cm后，与之前两边留住不织的5cm连起来编织，织48行后，与之前留针待用的口袋片合并往上编织，编织12cm后，中间留11针不织，收针，两边继续往上编织28cm后，收针断线。

3. 编织完成后，将两侧缝对应缝合。袖窿处留25cm不缝全，两肩部对应缝合，中间留16cm(49针)不缝，作为领口。再将内口袋两侧缝合。挑织口袋边，挑起的针数比口袋边缘针数稍多些，编织花样A，织3cm后，收针断线。用同样方法编织另一口袋边，完成后将口袋边两侧缝合于衣身上。

4. 帽子编织。沿衣领边缘挑起87针，其中前片衣襟两侧各挑起19针，后片挑起49针，编织全下针，以中心一针为中心，两边挑加针，方法如图。加至95针，向上织至26cm左右开始收针，仍以中心为界两边对称收针，方法如图。一边收15针，缝合帽子顶部。

5. 挑织衣襟及帽子边缘，挑起的针数要比衣服本身稍多些，编织花样A，编织15行后，收针，将衣襟底边两片重叠缝合。

6. 编织衣袖。衣袖单独编织，起92针，往上编织8cm花样A后，改织全下针，同时两侧加针，加针方法如图。编织24cm后，收针断线。用同样的方法编织另一袖片，完成后将袖底侧缝缝合，再将袖片与衣身缝合。在袖口处针上扣子，如图。

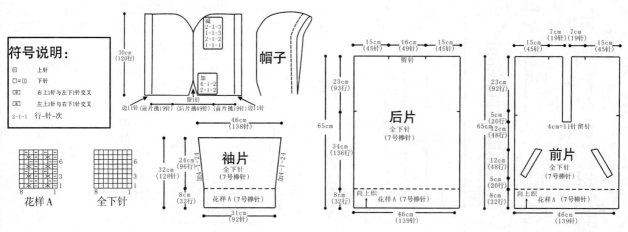

符号说明：

曰	上针
口＝凸	下针
图	右上1针与左下1针交叉
图	左上1针与右下1针交叉
2-1-1	行-针-次

花样A　　全下针

双排扣天使素雅装

【成品规格】衣长75cm　胸围92cm　袖长61cm　肩宽36cm
【工具】7号棒针
【材料】羊毛线　大扣子6颗
【编织密度】10cm²：21针×34行
【制作说明】

1. 后片为一片编织，从衣摆往上织，起96针编织双罗纹针，编织8cm，开始全下针编织，编织44cm高后，开始袖窿减针，方法顺序如图。后片的袖窿减针数为10针。减针后，不加减针往上编织20.5cm的高度后，从织片中间留28针不织，两侧余下的针数，衣领侧减针，方法为2-2-1、2-1-1。最后两侧余下21针，收针断线。

2. 前片分为两片编织，左身片和右身片各一片，结构对应，方向相反。起54针，编织8cm双罗纹针后，开始正身编织，先编织18针双罗针作为衣襟，再编织36针下针，编织44cm高后，开始袖窿收针，方法顺序与后片相同，织18cm后，开始前领减针，方法如图。最后余下21针，织至总长75cm，收针断线。用同样的方法编织另一前片。衣襟编织注意，在一侧前身片钉上双排扣子。不钉扣子的一侧，要制作相应数目的扣眼，扣眼的编织方法为，在当行收起数针，在下一行重起这些针数，这些针数两侧正常编织。

3. 袖片单独编织。从袖口起织，起62针后，编织双罗纹针8cm高，改织全下针，两侧同时加针编织，加针方法如图，织至148行，开始编织袖山：从第一行起减针编织，两侧同时减针，减针方法如图。最后余下16针，直接收针后断线。用同样的方法再编织另一袖片。然后，将两袖片的袖山与衣身的袖窿线边对应缝合，再缝合袖片的侧缝。

4. 口袋编织。起60针，编织双罗纹针，编织4cm高后，与起针边合并成双层边，继续编织4cm后，收针断线。编织一条合适长度的圆绳，穿入双层边内系紧。用同样方法编织另一口袋片，缝合于前片图示位置。

5. 挑织帽子。沿着衣领边挑针起织，全下针编织。衣襟的部分仍编织双罗纹针。挑90针，然后以中心为界两边挑加针，方法如图，一边加4针，共计98针，向上织至22厘米左右，即45行，开始收针，仍然以中心为界两边对称收针，方法如图，一边收15针，一共收了30针，再缝合帽子顶部。

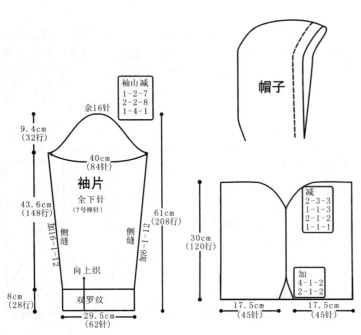

袖山减
1-2-7
2-2-8
1-4-1

余16针

9.4cm
(32行)

40cm
(84针)

袖片
全下针
(7号棒针)

43.6cm
(148行)

加16-1-12　侧缝　侧缝　加16-1-12

61cm
(208行)

向上织

8cm
(28行)

双罗纹

29.5cm
(62针)

帽子

30cm
(120行)

减
2-3-3
1-1-3
2-1-2
1-1-1

加
4-1-2
2-1-2

17.5cm
(45针)　17.5cm
(45针)

符号说明：
□ 上针
□=回 下针
2-1-1 行-针-次

全下针

8　1

双罗纹

8　1

130

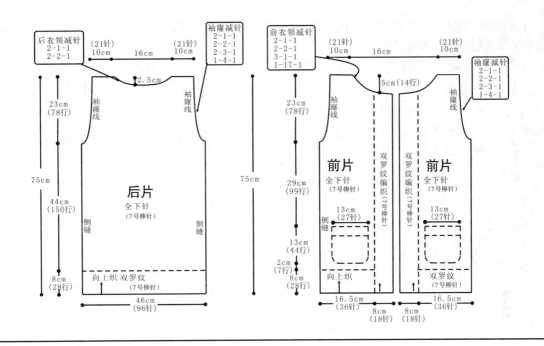

后衣领减针
2-1-1
2-2-1

(21针)
10cm

16cm

(21针)
10cm

袖窿减针
2-1-1
2-2-1
2-3-1
1-4-1

前衣领减针
2-1-1
2-2-1
3-1-1
1-17-1

(21针)
10cm

16cm

(21针)
10cm

袖窿减针
2-1-1
2-2-1
2-3-1
1-4-1

2.5cm

5cm(14行)

23cm
(78行)

袖窿线

袖窿线

23cm
(78行)

袖窿线

袖窿线

75cm

75cm

后片
全下针
(7号棒针)

前片
全下针
(7号棒针)

双罗纹编织(7号棒针)

双罗纹编织(7号棒针)

前片
全下针
(7号棒针)

44cm
(150行)

侧缝

侧缝

29cm
(99行)

13cm
(27针)

13cm
(27针)

侧缝

8cm
(28行)

向上织 双罗纹
(7号棒针)

13cm
(44行)

2cm
(7行)

8cm
(28行)

向上织

双罗纹
(7号棒针)

46cm
(96针)

16.5cm
(36针)

8cm
(18针)

8cm
(18针)

16.5cm
(36针)

精致大翻领长袖装

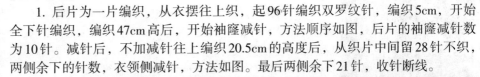

【成品规格】衣长75cm　胸围92cm　肩宽36cm　袖长56cm

【工具】7号棒针

【材料】黑羊毛线　扣子7粒

【编织密度】10cm² : 30针×40行

【制作说明】

1. 后片为一片编织，从衣摆往上织，起96针编织双罗纹针，编织5cm，开始全下针编织，编织47cm高后，开始袖窿减针，方法顺序如图，后片的袖窿减针数为10针。减针后，不加减针往上编织20.5cm的高度后，从织片中间留28针不织，两侧余下的针数，衣领侧减针，方法如图。最后两侧余下21针，收针断线。

2. 前片分为两片编织，左身片和右身片各一片，结构对应，方向相反。起36针，编织5cm双罗纹针后，开始正身编织，编织全下针，编织5cm高后，改编织19针下针加17针双罗纹针，不加减针往上编织42cm后，开始袖窿收针，方法顺序与后片相同，织18cm后，开始前领减针，方法如图。最后余下21针，织至总长75cm，收针断线。用同样的方法编织另一前片。编织完成后挑织衣襟，挑起的针数要比衣服本身稍多些，编织双罗纹针，注意在一侧前身片钉上双排扣子。不钉扣子的一侧，要制作相应数目的扣眼，扣眼的编织方法为，在当行收起数针，在下一行重起这些针数，这些针数两侧正常编织。

3. 袖片单独编织。从袖口起织，起62针后，编织双罗纹针8cm高，改织全下针，两侧同时加针编织，加针方法如图，织148行。开始编织袖山：从第一行起减针编织，两侧同时减针，减针方法如图，最后余下16针，直接收针后断线。用同样的方法再编织另一袖片。然后，将两袖片的袖山与衣身的袖窿线边对应缝合，再缝合袖片的侧缝。

4. 口袋编织。起27针，编织全下针，编织13cm高后，收针，在袋口左上角挑起30针，编织下针，织4

行后,向内折叠与挑针缝合,将此角翻出,钉上扣子,口袋其他边缘缝合于前身片图示位置。用同样方法编织另一口袋,缝合。

5. 挑织衣领。沿衣领边缘挑织,挑起的针数要比衣服本身稍多些,编织20cm后,收针断线。

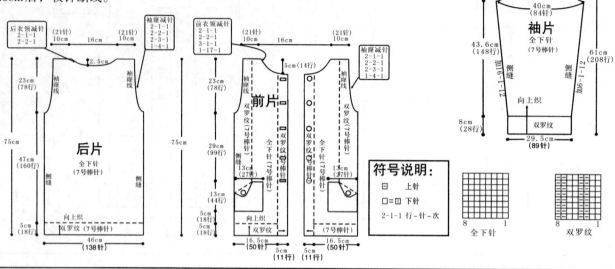

符号说明:
□ 上针
□=□ 下针
2-1-1 行-针-次

【成品规格】衣长65cm 胸围92cm 肩宽36cm 袖长57cm
【工具】7号棒针
【材料】黑色羊毛线 大扣子10颗
【编织密度】10cm²:14针×40行
【制作说明】

连帽长毛衣

1. 衣服分前后片纵向编织,全部用7号棒针编织。先编织后片,从衣襟起织,起65针,编织花样A,不加减针往上编织8cm高后,改织花样B,编织32cm后,开始两侧袖窿减针,方法如图。两边各减去7针后,不加减针往上织,共织22cm后,中间留22针不织,两侧收针,断线。

2. 前片分两片纵向编织,先编织左前片。起21针,先编织8cm高花样A,改编织花样B,编织32cm后,开始袖窿减针,方法与后片相同,减针后不加减针往上共织22cm后,收针断线。用同样方法编织右前片。

3. 编织完成后,将两侧缝对应缝合。两肩部缝合。

4. 帽子编织。挑起后片之前留下不织的23针,以中心一针为中心,两边挑加针,方法如图,加至29针,向上织至27cm左右,开始收针,仍以中心为界两边对称收针,方法如图,一边收9针,缝合帽子顶部。

5. 挑织衣襟及帽子边缘,编织花样A,编织64行后,收针断线。注意衣襟一侧钉扣子,另一侧要留相应的扣眼。

6. 编织衣袖。衣袖单独编织,起36针,编织花样A,往上编织8cm后,改织花样B,同时两侧加针,加针方法如图,编织43cm后,开始两侧袖山减针,方法如图,编织10cm后,最后余6针,收针断线。用同样的方法编织另一袖片,完成后将袖底侧缝缝合,再将袖片与衣身缝合。

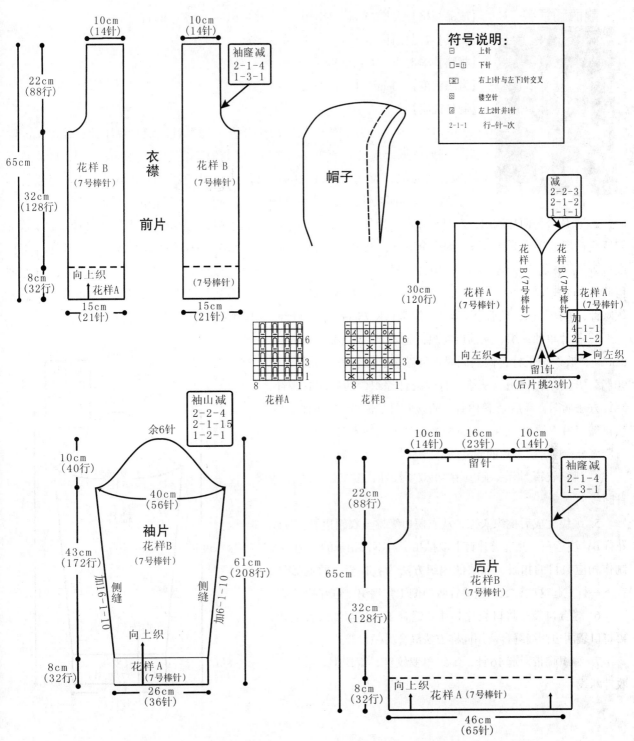

符号说明：
- ⊟ 上针
- ⊡=⊡ 下针
- ⊠ 右上1针与左下1针交叉
- ⊡ 镂空针
- ⊠ 左上2针并1针
- 2-1-1 行-针-次

衣襟

10cm (14针)
22cm (88行)
65cm
32cm (128行)
8cm (32行)

花样 B (7号棒针)
向上织 花样A
15cm (21针)

前片

10cm (14针)
花样 B (7号棒针)
(7号棒针)
15cm (21针)

袖窿减
2-1-4
1-3-1

帽子

减
2-2-3
2-1-2
1-1-1

30cm (120行)

花样 A (7号棒针)
花样 B (7号棒针)
花样 B (7号棒针)
花样 A (7号棒针)

向左织
向左织
留1针
(后片挑23针)

加
4-1-1
2-1-2

花样A
8   6   3   1

花样B
8   6   3   1

袖片

袖山减
2-2-4
2-1-15
1-2-1

余6针
10cm (40行)
40cm (56针)

花样B (7号棒针)

43cm (172行)
61cm (208行)

加16-1-10
侧缝
侧缝
加16-1-10

向上织
8cm (32行)
花样 A (7号棒针)
26cm (36针)

后片

10cm (14针)
16cm (23针)
10cm (14针)
留针

袖窿减
2-1-4
1-3-1

22cm (88行)
65cm
32cm (128行)
8cm (32行)

后片
花样B (7号棒针)

向上织
花样 A (7号棒针)
46cm (65针)

133

靓丽翻领装

【成品规格】衣长75cm　胸围92cm　袖长61cm　肩宽36cm

【工具】7号棒针

【材料】羊毛线　大扣子8颗

【编织密度】10cm²：16针×21行

【制作说明】

　　1. 后片为一片编织，从衣摆往上织，起74针编织双罗纹针，编织8cm高后，开始全下针编织，编织44cm高后，开始袖窿减针，方法顺序如图，后片的袖窿减针数为8针。往上编织共21cm的高度后，从织片中间留44针不织，两侧余下的针数，衣领侧减针，减针方法如图，最后两侧的针数余下4针，收针断线。

　　2. 前片分为两片编织，左身片和右身片各一片，结构对应，方向相反。先织左前片，起34针，编织8cm双罗纹针后，开始正身编织，编织全下针，编织14cm高后，先编织10针花样A再编织24针双罗纹针，往上编织2cm后，将双罗纹针收针，10针花样A留起暂不织。另起24针，编织全下针，编织30cm高后，与之前留起的10针连起来编织花样A，编织28cm后，左侧开始袖窿收针，方法与后片相同，编织18cm后，开始前领减针，方法如图，最后余下4针，织至总长75cm，收针断线。用同样的方法编织另一前片。

　　3. 袖片单独编织。从袖口起织，起42针后，编织双罗纹针8cm高，改织全下针，两侧同时加针编织，加针方法如图，织90行。开始编织袖山：从第一行起减针编织，两侧同时减针，减针方法如图，最后余下18针，直接收针后断线。用同样的方法再编织另一袖片。然后，将两袖片的袖山与衣身的袖窿线边对应缝合，再缝合袖片的侧缝。

　　4. 挑织衣领。沿衣领边缘挑织双罗纹针，编织20cm后，收针断线。

　　5. 编织完成后挑织衣襟，从衣摆边缘挑至衣领边缘，编织花样B，注意在一侧前身片钉上双排扣子。不钉扣子的一侧，要制作相应数目的扣眼，扣眼的编织方法为：在当行收起数针，在下一行重起这些针数，这些针数两侧正常编织。钉好扣子。

　　6. 缝合口袋。将口袋片起针处缝合于袋口双罗纹针底边，再将口袋两边侧缝缝合。用同样方法缝合另一口袋片。

　　7. 编织腰带。起16针，编织单罗纹针，编织120cm长后，收针断线。

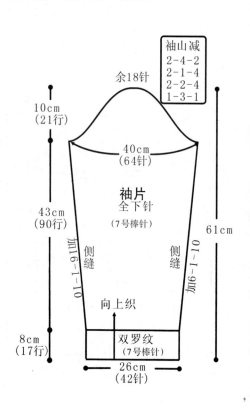

袖山减
2-4-2
2-1-4
2-2-4
1-3-1

余18针

40cm
(64针)

10cm
(21行)

43cm
(90行)

袖片
全下针
(7号棒针)

61cm

加16-1-10

侧缝

侧缝

加16-1-10

向上织

8cm
(17行)

双罗纹
(7号棒针)

26cm
(42针)

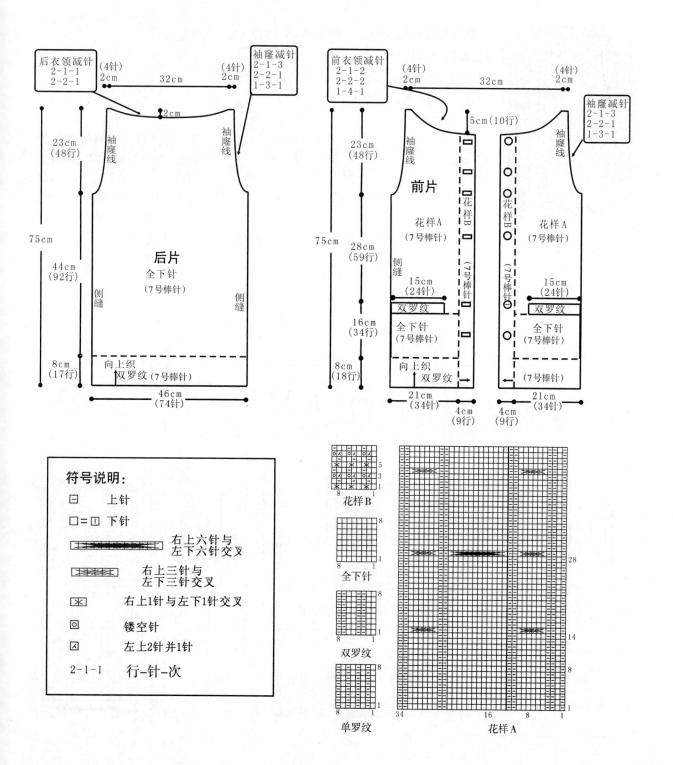

后衣领减针
2-1-1
2-2-1

(4针)
2cm

32cm

(4针)
2cm

袖窿减针
2-1-3
2-2-1
1-3-1

2cm

23cm
(48行)

袖窿线

袖窿线

75cm

44cm
(92行)

后片
全下针
(7号棒针)

侧缝

侧缝

8cm
(17行)

向上织
双罗纹 (7号棒针)

46cm
(74针)

前衣领减针
2-1-2
2-2-2
1-4-1

(4针)
2cm

32cm

(4针)
2cm

袖窿减针
2-1-3
2-2-1
1-3-1

5cm(10行)

23cm
(48行)

袖窿线

前片

花样A
(7号棒针)

花样B

(7号棒针)

花样B

(7号棒针)

花样A
(7号棒针)

袖窿线

75cm

28cm
(59行)

侧缝

15cm
(24针)

双罗纹

15cm
(24针)

双罗纹

16cm
(34行)

全下针
(7号棒针)

全下针
(7号棒针)

8cm
(18行)

向上织
双罗纹

(7号棒针)

21cm
(34针)

4cm
(9行)

4cm
(9行)

21cm
(34针)

符号说明:

⊟	上针
□＝①	下针
▭	右上六针与 左下六针交叉
▭	右上三针与 左下三针交叉
⊠	右上1针与左下1针交叉
⊡	镂空针
⊠	左上2针并1针
2-1-1	行–针–次

花样B

全下针

双罗纹

单罗纹

花样A

魅力开襟衫

【成品规格】衣长85cm　胸围92cm　肩宽36cm

【工具】7号棒针

【材料】羊毛线

【编织密度】10cm²：16针×20行

【制作说明】

1. 后片为一片编织，从衣摆往上织，起74针编织单罗纹针，编织8cm高后，中间编织16针花样A，两边全上针编织，编织54cm后，开始袖窿减针，方法顺序如图，后片的袖窿减针数为8针。往上编织共21cm的高度后，从织片中间留20针不织，收针，两侧余下的针数，衣领侧减针，方法为如图，最后两侧余下16针，收针断线。

2. 前片分为两片编织，左身片和右身片各一片，结构对应，方向相反。先织左前片，起37针，先织16针花样A，再织21针单罗纹针，往上编织8cm后，将双罗纹针改为全上针编织，花样A不变，继续往上织54cm后，开始袖窿收针，方法如图，编织23cm后，收针断线。用同样的方法编织另一前片。

3. 挑织两个衣袖，挑出的针数要比衣服本身稍多些，编织单罗纹针，织3cm后，收针断线。

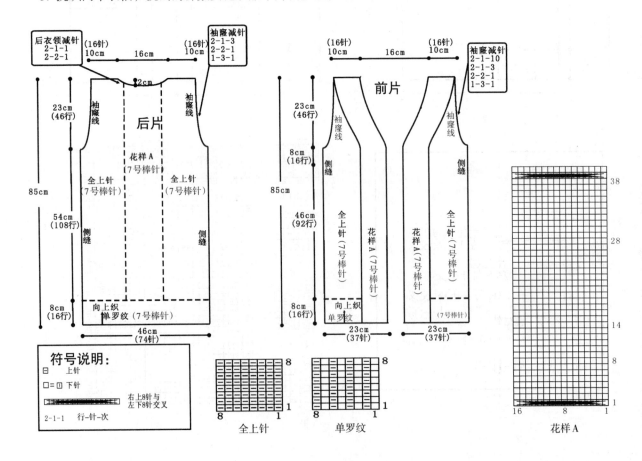

无袖开襟时尚装

【成品规格】衣长69cm　胸围90cm

【工具】5mm棒针

【材料】纯羊毛

【编织密度】10cm²：23针×32行

【制作过程】　本款为粗线长款毛衣，前后片按图起单罗纹后编入花样A，前片肩部略长，先肩部缝合，作后片上部，再与后片缝合，袖口挑起85针织单罗纹。

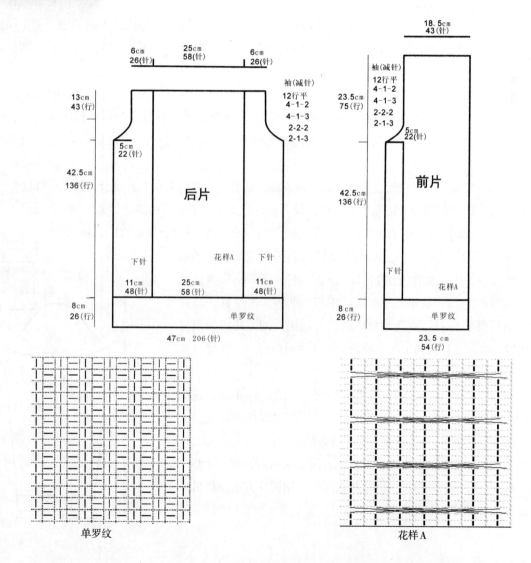

后片

前片

单罗纹

花样A

简约连帽衫

【成品规格】衣长75cm　胸围92cm　袖长53cm　肩宽36cm

【工具】7号棒针

【材料】羊毛线　大扣子5颗

【编织密度】10cm²：21针×34行

【制作说明】

1. 后片分上下两部分编织，从衣摆往上织，起114针编织全下针，编织8行后，将衣边向内折叠缝合，形成双层衣摆，继续不加减针往上织，编织47cm后，收针断线。将衣摆折叠出两个对称折皱，缝合。挑起96针，不加减针往上织5cm后，两侧开始袖窿减针，方法顺序如图，后片的袖窿减针数为10针。减针后，不加减针往上编织23cm的高度后，织片两侧各留19针不织，收针，中间38针继续往上编织帽子，中间留取两针，两侧同时加针，方法如图，共加6针后，不加减针往上织，共编织27cm后，中间仍留2针，两侧同时减针，方法如图，帽子编织30cm高后，收针断线。

2. 前片分为两片编织，左身片和右身片各一片，结构对应，方向相反。先编织左身片，起57针，与后片一样共编织47cm高后，收针断线，将衣摆折叠出一个折皱，缝合。挑起48针，与后片相同方法往上织28cm后，织片左侧留19针不织，收针，右边19针继续往上编织帽子，不加减针往上编织30cm后，收针断线。用同样的方法编织另一前片。

3. 前后片编织完成后，将两侧缝对应缝合，两肩部对应缝合，再将帽子三片缝合。帽子顶部缝合。

4. 挑织衣襟。沿衣襟及帽子边缘挑织衣襟，挑出的针数要比衣服本身稍多些，另一侧钉扣子，一侧要留相应的扣眼，领口处要留两个孔穿绳子。横向编织8行后，与起针折叠缝合形成双层衣襟。

5. 袖片单独编织。从袖口起织，起62针后，编织双罗纹针5cm高，两侧同时加针编织，加针方法如图，加至79行，然后不加减针织至90行。开始编织袖山：从第一行起减针编织，两侧同时减针，减针方法如图，最后余下16针，直接收针后断线。用同样的方法再编织另一袖片。然后，将两袖片的袖山与衣身的袖窿线边对应缝合，再缝合袖片的侧缝。

6. 口袋编织。编织19cm×13cm方片，编织方法是：起40针，编织全下针，织13cm后，收针。将织片折叠出三个均匀纵向折皱，缝合。挑织27针，编织双层下针，方法是，第1行每织1针，加1针，第2行起，隔1针织1针，即加的针数留起来不织，编织4cm后，每2针并一针，收针。将双层袋边向外翻转，钉好两颗纽扣。用同样方法编织另一口袋片，缝合于前片图示位置。

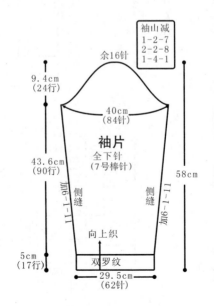

袖山减
1-2-7
2-2-8
1-4-1

余16针

9.4cm
(24行)

40cm
(84针)

袖片
全下针
(7号棒针)

43.6cm
(90行)

加6-1-11　侧缝

侧缝　加6-1-11

58cm

向上织

5cm
(17行)

双罗纹

29.5cm
(62针)

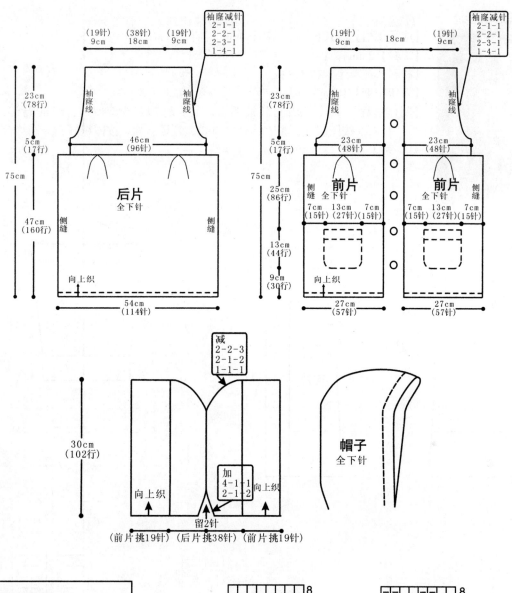

袖隆减针
2-1-1
2-2-1
2-3-1
1-4-1

(19针) (38针) (19针)
9cm 18cm 9cm

23cm (78行)
5cm (17行)
75cm
47cm (160行)

袖隆线　　袖隆线

46cm (96针)

后片 全下针

侧缝　　侧缝

向上织

54cm (114针)

(19针) 18cm (19针)
9cm 9cm

袖隆减针
2-1-1
2-2-1
2-3-1
1-4-1

23cm (78行)
5cm (17行)
75cm
25cm (86行)
13cm (44行)
9cm (30行)

袖隆线　　袖隆线

23cm (48针)　23cm (48针)

前片　　前片

侧缝 全下针　全下针 侧缝
7cm 13cm 7cm　7cm 13cm 7cm
(15针)(27针)(15针)　(15针)(27针)(15针)

向上织

27cm (57针)　27cm (57针)

减
2-2-3
2-1-2
1-1-1

30cm (102行)

向上织　向上织

加
4-1-1
2-1-2

留2针

(前片挑19针)　(后片挑38针)　(前片挑19针)

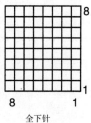 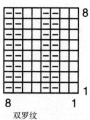

帽子
全下针

符号说明：

曰　上针

□=囗　下针

2-1-1　行-针-次

全下针

双罗纹

139

大翻领儒雅装

【成品规格】衣长69cm 胸围94cm 袖长54cm

【工具】2mm棒针

【材料】纯羊毛 扣子8粒

【编织密度】10cm²：44针×54行

【制作过程】 本款为开襟长袖毛衣，前片起79针织双罗纹，织80行编入花样A，后片与衣袖按图织好，整衣缝合。口袋、领子、袖口按图织好，分别缝合，腰带织好，系于腰间。

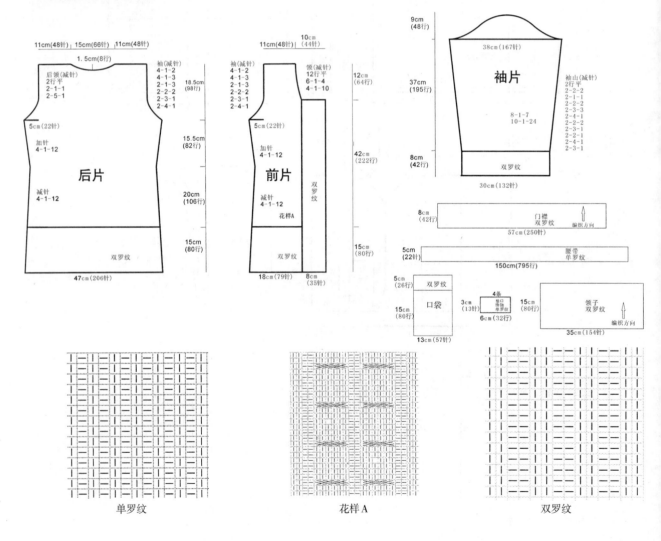

单罗纹   花样A   双罗纹

大翻领风情装

【成品规格】衣长75cm　胸围92cm　袖长53cm　肩宽36cm

【工具】7号棒针

【材料】羊毛线　大扣子5颗

【编织密度】10cm²：20针×22行

【制作说明】

1. 后片为一片编织，从衣摆往上织，起92针编织双罗纹针，编织50cm后，开始插肩减针，方法顺序如图，两侧各减29针，最后留34针，收针断线。

2. 前片分为两片编织，左身片和右身片各一片，结构对应，方向相反，起42针，编织8cm双罗纹针后，开始编织花样A，编织42cm后，开始插肩针，方法顺序与后片相同，织19cm后，开始前领减针，方法如图，最后余下2针，收针断线，用同样方法编织另一前片。

3. 袖片单独编织，从袖口起织，起46针后，编织双罗纹针，两侧同时加针编织，加针方法如图，织92行，开始插肩减针，编织49行后，前插肩侧领减针，方法如图，最后留下5针，收针断线，用同样的方法再编织另一袖片，然后，将两袖片的插肩缝与衣身的插肩缝对应缝合，再缝合袖片的侧缝。

4. 挑织衣领。沿衣领边缘挑织，挑起的针数要比衣服本身稍多些，织双罗纹针，编织20cm后，收针断线。

5. 编织完成后挑织衣襟，挑起的针数要比衣服本身稍多些，编织花样B，注意在一侧前片钉上扣子，不钉扣子的一侧，要制作相应数目的扣眼，扣眼的编织方法为，在当行收起数针，在下一行重起这些针数，这些针数两侧正常编织。

符号说明：

□=日	上针
回	下针
囲	元宝针

右上2针与左下1针交叉
右上2针与右下1针交叉
右上2针与左下2针交叉
右上2针与右下2针交叉

2-1-1　行-针-次

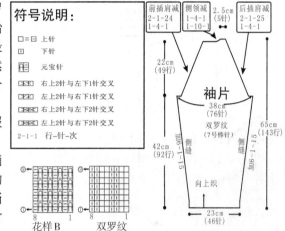

花样B　　双罗纹

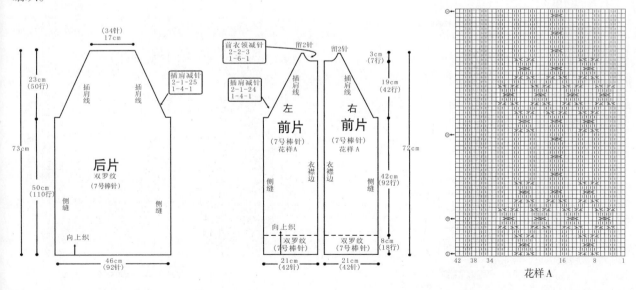

花样A

多扣开领靓丽装

【成品规格】衣长83cm　胸围90cm　袖长11cm

【工具】4.8mm棒针　3.3mm钩针

【材料】7号棒针

【编织密度】10cm²：19针×22行

【制作说明】后片：起80针，织花样，每两行两侧各加两针，形成斜角；织12cm，按图解依次减针，形成扇形；开挂肩，两侧递加针，加出袖山；织至14cm后，在袖口一侧开始按图示收针。前片：前片同后片。花样按图解织，开始分袖时领窝开始收针。口袋：口袋另织好，缝合在图解位置。领：先横向挑针织出有纽扣的部位，再挑针织领。缝合各片，完成。

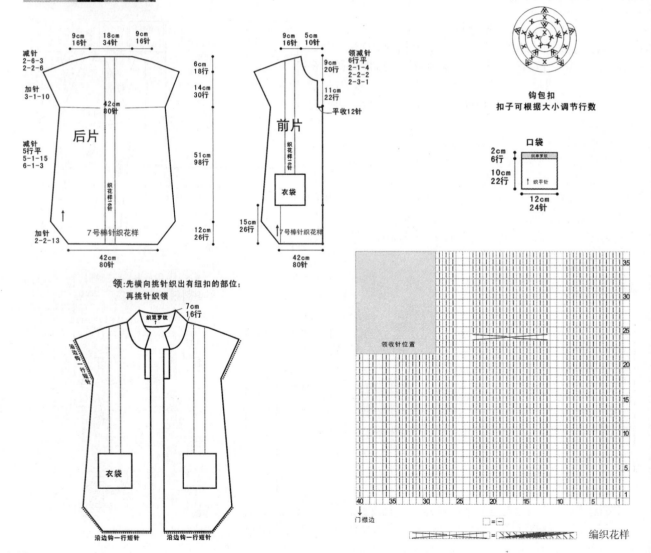

秀丽连帽长袖装

【成品规格】衣长71cm　胸围92cm　袖长57cm　肩宽36cm

【工具】7号棒针

【材料】10cm²：21针×34行

【编织密度】羊毛线·扣子7颗

【制作说明】

1. 后片为一片编织，从衣摆起织，往上编织至肩部。

2. 大衣先编织后片，起112针编织全下针，编织20行后，将织片对折，与起针合并成双层衣摆，继续往上编织，一边织一边减针，方法如图，共减16针，织至36cm高即122行后，不加减针往上再织13cm，开始袖窿减针，方法顺序如图，后片的袖窿减针数为10针。减针后，不加减针往上编织，袖窿高度织至19.5cm时，从织片的中间留28针不织，用防解别针扣住，两侧余下的针数，衣领侧减针，方法如图，最后两侧余下21针，收针断线。

3. 前片制作说明：（1）前片分为两片编织，左身片和右身片各一片，花样对应，方向相反。（2）先编织右前片，起50针编织全下针，编织20行后，将织片对折，与起针合并成双层衣摆，继续往上编织，一边织一边左侧减针，方法如图，共减8针，织至16cm高即54行后，将织片从第24针处分开成两片分别编织，留出口袋口，右半片24针，左侧一边织一边减针，方法如图，左半片右侧一边织一边加针，方法如图，共织40行，将两织片连起来继续编织18行后，左侧不再加减针，往上再织13cm，开始左侧袖窿减针，方法顺序如图，前片的袖窿减少针数为10针。减针后，不加减针往上编织，袖窿高度织至17cm时，右侧开始前衣领减针，减针方法顺序如图，最后余下21针，织至71cm，收针断线。（3）用同样的方法，相反的方向编织左前片。完成后将前后身片侧缝对应缝合，肩缝对应缝合。（4）挑织两侧衣襟。衣襟挑织双罗纹针，挑起的针数要比衣片本身的针数稍多些，织20行，收针断线。（5）口袋编织。将衣服里层翻出，沿之前留下的口袋口边缘挑针环织，挑起的针数要比衣服本身稍多些，编织全下针，织13cm后，将袋底缝合，内口袋编织完成。另起线挑织口袋外袋口，挑起的针数要比衣服本身稍多些，编织双罗纹针。织10行后。收针断线，将袋口两侧与衣身对应缝合。用同样的方法编织另一口袋。

4. 帽子制作说明：（1）一片编织完成。帽子是在前后片及衣袖缝合好后起编的。（2）沿着衣领边挑针起织，全下针编织。挑90针，然后以中心为界两边挑加针，2-1-2，4-1-2，一边加4针，共计98针，向上织至22cm左右，即45行，开始收针，仍然以中心为界两边对称收针，1-1-1，2-1-2，1-1-3，2-3-3，一边收15针，一共收了30针，再缝合帽子顶部。

5. 扎好小球及绳子，将小球缝制于绳子上，再将绳子缝于衣身。

6. 袖片制作说明：（1）两片袖片分别单独编织。（2）从袖口起织，起62针后编织全下针，两侧同时加针编织，加针方法如图，加至79行，然后不加减针织至90行。（3）袖山的编织：从第一行起减针编织，两侧同时减针，减针方法如图，最后余下16针，直接收针后断线。（4）用同样的方法再编织另一衣袖片。

7. 将两袖片的袖山与衣身的袖窿线边对应缝合，再缝合袖片的侧缝，注意袖口处留约5cm长不用缝合。

8. 编织袖口边，起18针，编织单罗纹针，编织98行后，第99行起，一边织一边两侧收针，方法为2-1-8，织至第110行时，中间留一个扣眼，织114行后，最后余下2针，收针断线。

10. 将袖口片起针边缘与袖底缝对齐，侧面与袖口缝合。用同样的方法编织另一袖口片，缝合。

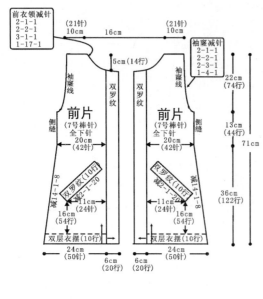

前衣领减针
2-1-1
2-2-1
3-1-1
1-17-1

(21针)
10cm
16cm
(21针)
10cm

袖窿减针
2-1-1
2-2-1
2-3-1
1-4-1

5cm(14行)

袖窿线   双罗纹   双罗纹   袖窿线

22cm
(74行)

71cm

13cm
(44行)

前片
(7号棒针)
全下针
20cm
(42针)

侧缝   侧缝

前片
(7号棒针)
全下针
20cm
(42针)

36cm
(122行)

双罗纹(10行)
减2-1-20
减14-1-8
11cm
(24针)
16cm
(54行)

双罗纹(10行)
减2-1-20
减14-1-8
11cm
(24针)
16cm
(54行)

双层衣摆(10行)   双层衣摆(10行)

24cm
(50针)
6cm
(20行)
6cm
(20行)
24cm
(50针)

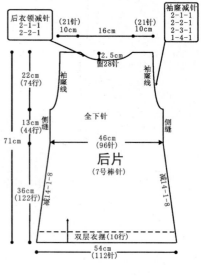

后衣领减针
2-1-1
2-2-1

(21针)
10cm
16cm
(21针)
10cm

袖窿减针
2-1-1
2-2-1
2-3-1
1-4-1

2.5cm
留28针

22cm
(74行)

袖窿线   全下针   袖窿线

71cm

13cm
(44行)
侧缝

46cm
(96针)

后片
(7号棒针)

36cm
(122行)

减14-1-8   减14-1-8

双层衣摆(10行)

54cm
(112针)

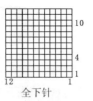

10
4
1
12
全下针

10
4
1
双罗纹

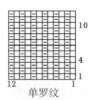

10
4
1
单罗纹

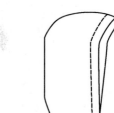

袖山减
1-2-7
2-2-8
1-4-1

余16针

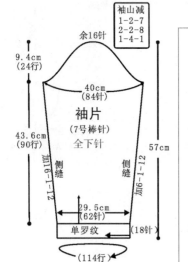

9.4cm
(24行)

40cm
(84针)

袖片
(7号棒针)
全下针

43.6cm
(90行)

57cm

侧缝   侧缝

加16-1-12   加16-1-12

29.5cm
(62针)

单罗纹   (18针)

(114行)

古典风情装

【成品规格】衣长73cm　胸围90cm　袖长56cm
【工具】10号棒针　12号棒针
【材料】中粗铁灰色毛线　纽扣7粒
【编织密度】10cm²：27针×30行
【制作说明】后片：起104针织12cm双罗纹，换针织平针，直到完成。前片：开衫，起52针织双罗纹边后，织组合花样，织至15cm平收掉衣袋口的针数，分别织好两侧后合起来继续织，至完成。口袋：先把衣袋边挑针织好，再另起针口袋的内层，织好后缝合。领、门襟：先织领，然后沿领至衣边挑织门襟。

144

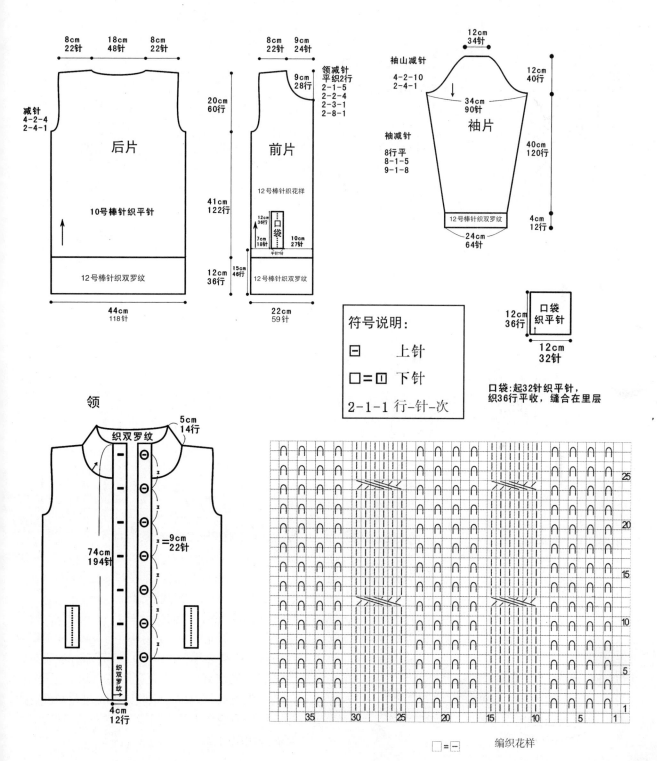

8cm
22针
18cm
48针
8cm
22针

8cm
22针
9cm
24针

12cm
34针

减针
4-2-4
2-4-1

后片

10号棒针织平针

12号棒针织双罗纹

44cm
118针

20cm
60行

41cm
122行

12cm
36行

15cm
46行

前片

12号棒针织花样

领减针
平织2行
2-1-5
2-2-4
2-3-1
2-8-1

9cm
28行

12cm
36行
口袋
7cm
18针
10cm
27针
平针7针

12号棒针织双罗纹

22cm
59针

袖山减针
4-2-10
2-4-1

34cm
90针

袖减针
8行平
8-1-5
9-1-8

袖片

12cm
40行

40cm
120行

12号棒针织双罗纹

24cm
64针

4cm
12行

符号说明：

⊟　　上针

□=□　下针

2-1-1 行-针-次

12cm
36行
口袋
织平针
12cm
32针

口袋:起32针织平针,
织36行平收,缝合在里层

领

织双罗纹

5cm
14行

74cm
194针

9cm
22针

织双罗纹

4cm
12行

□=⊟　　　　编织花样

145

双排扣风姿翻领装

【成品规格】衣长83cm　胸围90cm　袖长56cm

【工具】12号棒针

【材料】中粗铁灰色　纽扣10粒

【编织密度】10cm²：27针×33行

【制作说明】后片：起118针织9cm双罗纹，继续织平针，平织30行，收腰线，12行收1针收2次，8行收1针收4次，6行收1针收3次；然后开始加针，6行加1针加2次，8行加1针加4次，平织22行。前片：前片比平均宽度少4cm，织花样。口袋：另起针织口袋，缝合在前片。袖：起18针，按图示加针织出袖山，然后织袖筒。门襟：门襟挑针横织双罗纹，宽门襟，双排扣。钩扣子，缝合各部位，完成。

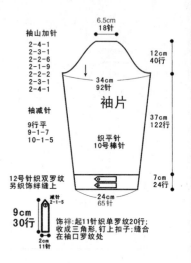

袖山加针
2-4-1
2-3-1
2-2-6
2-1-9
2-2-2
2-3-1
2-4-1

6.5cm
18针

12cm
40行

↓ 34cm
92针

袖片

织平针
10号棒针

37cm
122行

袖减针
9行平
9-1-7
10-1-5

12号针织双罗纹
另织饰绊缝上

7cm
24行

24cm
65针

饰绊:起11针织单罗纹20行;
收成三角形,钉上扣子;缝合
在袖口罗纹处

减针
2-1-5

9cm
30行

2cm
11针

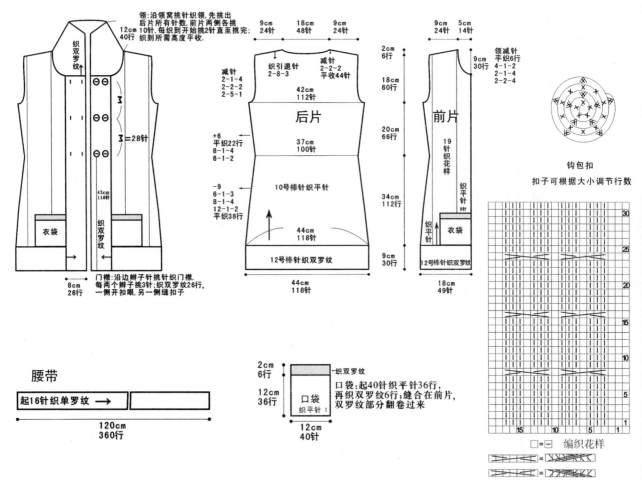

领:沿领窝挑针织领,先挑出后片所有针数,前片两侧各挑10针,每织到开始挑2针直至挑完.织到所需高度平收.

12cm
40行

织双罗纹

3
3=28针

43cm
118针

织双罗纹

衣袋

门襟:沿边辫子针挑针织门襟,
每两个辫子挑3针;织双罗纹26行,
一侧开扣眼,另一侧缝上扣子

8cm
26行

9cm
24针　18cm
48针　9cm
24针

减针
2-1-4
2-2-2
2-5-1

织引退针
2-8-3

减针
2-2-2
平收44针

42cm
112针

后片

+6
平织22行
8-1-4
6-1-2

37cm
100针

10号棒针织平针

-9
6-1-3
8-1-4
12-1-2
平织38行

44cm
118针

12号棒针织双罗纹

44cm
118针

2cm
6行

18cm
60行

20cm
66行

34cm
112行

9cm
30行

9cm
24针　5cm
14针

领减针
平织6行
4-1-2
2-1-4
2-2-4

前片

19针织花样

织平针
8行

衣袋

12号棒针织双罗纹

18cm
49针

9cm
30行

$\lozenge$ $\lozenge$ $\lozenge$

钩包扣
扣子可根据大小调节行数

腰带

起16针织单罗纹 →

120cm
360行

2cm
6行　织双罗纹

12cm
36行

口袋
织平针

12cm
40针

口袋:起40针织平针36行,
再织双罗纹6行,缝合在前片,
双罗纹部分翻卷过来

□=□　编织花样

双罗纹V领迷人衫

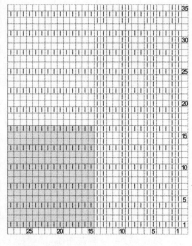

【成品规格】衣长73cm　胸围84cm

【工具】11号棒针

【材料】紫色毛线　纽扣3粒

【编织密度】10cm²：27针×30行

【制作说明】起66针织花样A一长条，分别织前后片与长条缝合。另起针织口袋两个，分别缝合在前片。

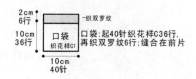

2cm 6行 ——织双罗纹

10cm 36行　口袋　织花样C1

口袋：起40针织花样C36行，再织双罗纹6行；缝合在前片

10cm 40针

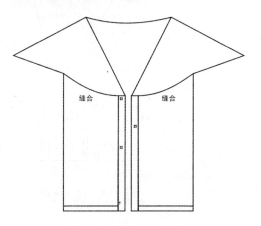

缝合　缝合

门襟：与身片同织，纽扣交错

减针2-6-10

后片

11号棒针
花样B

减针2-6-10

前片

口袋

11号棒针
花样B

54cm
162行

2cm
6行

5cm
12针　　7cm
18针

44cm
119针

22cm
59针

112cm
336行

11号棒针
花样A

34cm
66针

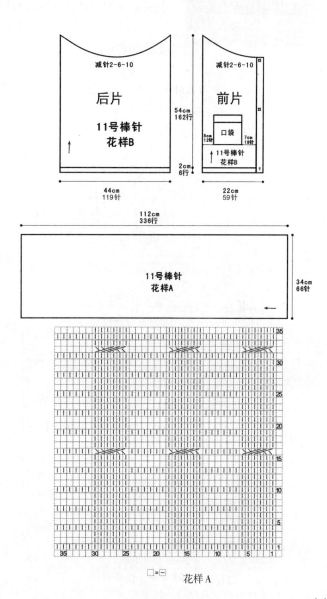

花样C　□=□　　花样B

花样A　　□=□　　花样A

147

优雅短袖装

【成品规格】衣长83cm　胸围84cm

【工具】11号棒针

【材料】紫色毛线　纽扣3粒

【编织密度】10cm²：27针×30行

【制作说明】

　　1. 起50针分三层织，第一层为领，每织2行行停织4行；第二层13针，每织4行停织2行；第三三层全织（中间花样可根据需要调节）。

　　2. 织够所需的长度后无缝缝合；分别在圆上上挑织前后片，按图示织完即可。

帽：与圆同织，起80针，与第一层织法同，帽顶缝合

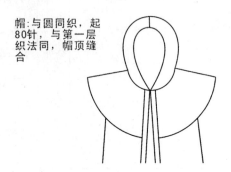

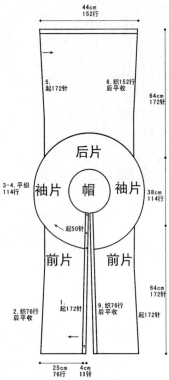

门襟：织花样C，先起10针织到身片长度，再挑针横向织片身片

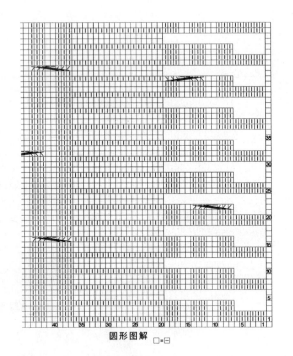

圆形图解　□=□

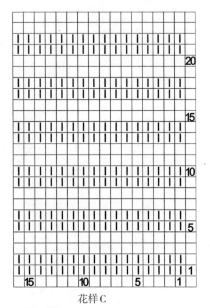

花样C

□=□

圆领短袖衫

【成品规格】衣长 83cm 胸围84cm 袖长9cm

【工具】11号棒针

【材料】紫色毛线

【编织密度】10cm²：27 针×30行

【制作说明】

1. 起 50 针分三层织，第一层为领，每织 2 行停织 4 行；第二层13针，每织 4 行停织 2 行；第三层全织。

2. 织够所需的长度后无缝缝合；分别在圆上挑织前后片，按花样C织完即可。另起针织口袋两个，分别缝合在前片。

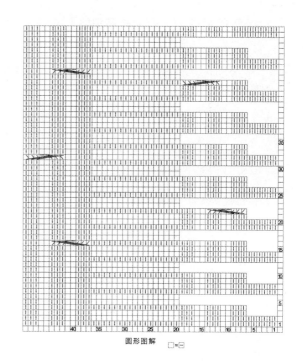

圆形图解　□=□

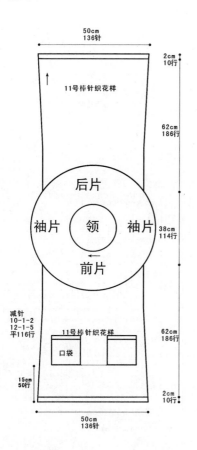

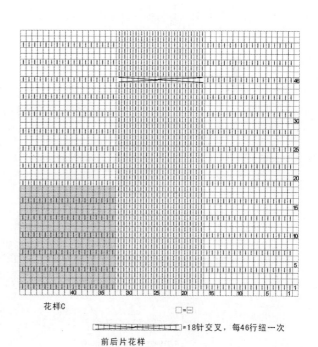

花样C　　　　　□=□

=18针交叉，每46行绞一次

前后片花样

149

纯朴翻领系带装

【成品规格】衣长83cm　胸围90cm　袖长56cm

【工具】12号棒针　10号棒针

【材料】中粗灰色毛线　纽扣6粒

【编织密度】10cm²：27针×33行

【制作说明】后片：起118针织9cm双罗纹，继续织平针，平织30行，收腰线，12行收1针收2次，8行收1针收4次，6行收1针收3次；然后开始加针，6行加1针加2次，8行加1针加4次，平织22行。前片：前片比平均宽度少4cm，织花样。口袋：另起针织口袋，缝合在前片。袖片：起18针，按图示加针织出袖山，然后织袖筒。门襟：门襟挑针横织双罗纹，宽门襟，双排扣。钩扣子，缝合各部位，完成。

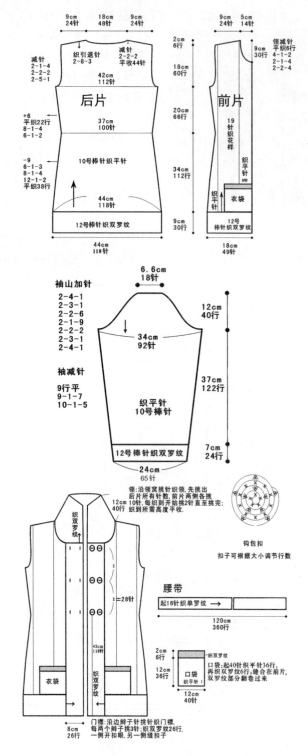

后片

9cm 24针　18cm 48针　9cm 24针

减针
2-1-4
2-2-2
2-5-1

织引退针
2-8-3

减针
2-2-2
平收44针

42cm 112针

37cm 100针

+6 平织22行
8-1-2
6-1-2

10号棒针织平针

-9
6-1-3
8-1-4
12-1-2
平织38行

44cm 118针

12号棒针织双罗纹

44cm 118针

9cm 30行

2cm 6行

18cm 60行

20cm 66行

34cm 112行

9cm 30行

前片

9cm 24针　5cm 14针

领减针
4-1-2
2-1-4
2-2-4

19针织花样

织平针 8针

织平针

衣袋

12号棒针织双罗纹

18cm 49针

袖山加针
2-4-1
2-3-1
2-2-6
2-1-9
2-2-2
2-3-1
2-4-1

袖减针
9行平
9-1-7
10-1-5

6.6cm 18针

34cm 92针

织平针 10号棒针

24cm 65针

12号棒针织双罗纹

12cm 40行

37cm 122行

7cm 24行

领：沿领窝挑针织领，先挑出后片所有针数，前片两侧各挑12cm 10行，每边到开始挑2针直至挑完；40行织到所需高度平收。

钩包扣
扣子可根据大小调节行数

织双罗纹

=28针

43cm 118行

衣袋

织双罗纹

8cm 26针

门襟：沿边辫子针挑针织门襟，每两个辫子挑3针；织双罗纹26行，一侧开扣眼，另一侧缝扣子

腰带

起16针织单罗纹

120cm 360行

2cm 6行

12cm 36行

口袋 织平针

12cm 40针

织双罗纹

口袋：起40针织平针36行，再织双罗纹6行，缝合在前片，双罗纹部分翻卷过来

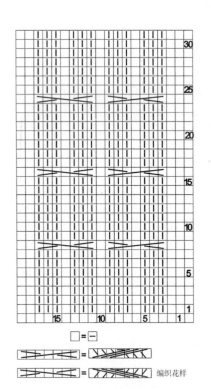

□=－

编织花样

150

古典风尚立领装

【成品规格】衣长73cm　胸围90cm　袖长42cm

【工具】5.1mm棒针

【材料】夹金丝毛线

【编织密度】10cm²：15针×20行

【制作说明】后片：起68针织元宝针，平织60行；开挂肩，插肩袖，每6行收1针收3次，4行收1针收4次，3行收1针收7次。前片：前片基本织法同后片。口袋：另起针织元宝针，织好缝合。袖：插肩袖，从下往上织。领：一针对一针挑出所有的针，织元宝针15cm。

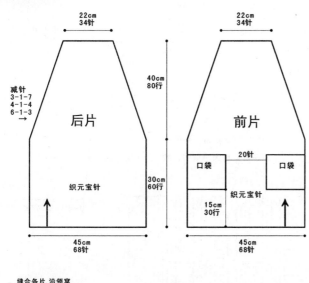

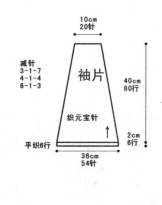

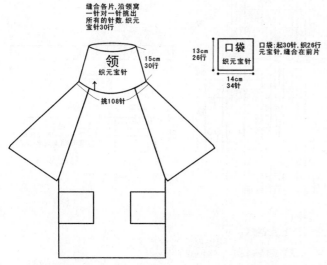

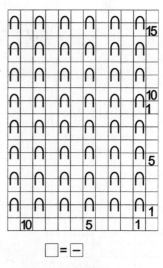

□ = −

元宝针

时尚淑女长袖装

【成品规格】衣长83cm　胸围90cm　袖长56cm

【工具】10号棒针　12号棒针

【材料】中粗灰色毛线　纽扣6粒

【编织密度】10cm²：27针×33行

【制作说明】后片：起118针织9cm双罗纹，继续织平针，平织30行，收腰线，12行收1针收2次，8行收1针收4次，6行收1针收3次；然后开始加针，6行加1针加2次，8行加1针加4次，平织22行。前身片：前片比平均宽度少4cm，织花样。口袋：另起针织口袋，缝合在前片。袖片：起18针，按图示加针织出袖山，然后织袖筒。门襟：门襟挑针横织双罗纹，宽门襟，双排扣。钩扣子，缝合各部位，完成。

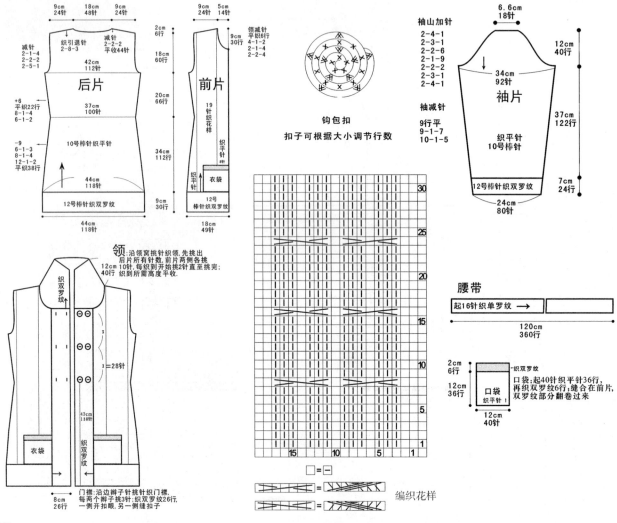

纯洁无袖衫

【成品规格】衣长73cm　胸围84cm

【工具】11号棒针　12号棒针

【材料】米色毛线

【编织密度】10cm²：27针×30行

【制作说明】后片：起120针织8行单罗纹，平织30行，收腰线，12行收1针收3次，8行收1针收5次；然后平织至开挂。前片：起60针，门襟边为花样，前边织4针平针；织法同后片，领窝不收针，平直织上去，长度为后片的一半；侧过去与后片缝合。袖片：挑出袖口针数，织4cm单罗纹。

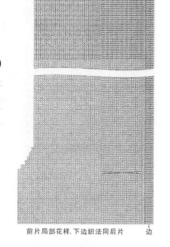

前片局部花样，下边织法同后片　　边

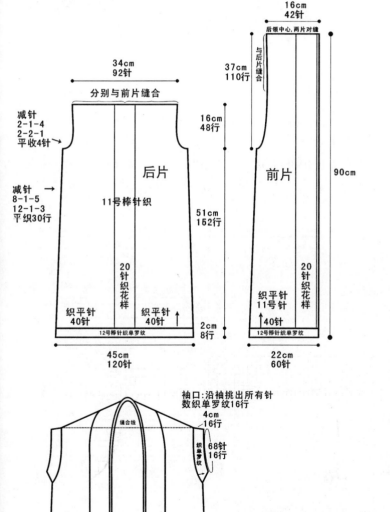

后片花型图

153

清纯立领短袖装

【成品规格】 衣长83cm　胸围84cm　袖9cm

【工具】 11号棒针

【材料】 卡其色毛线

【编织密度】 10cm²：27针×30行

【制作说明】 后片：起136针织平针4cm对折成双边，上面开始织花样B，如图示收腰线。前片：底边同后片，上面左右对称织花样A。袖片：起针稍多一点，缝合成泡泡袖。领：沿领窝挑针织领，织平针翻过来即可。

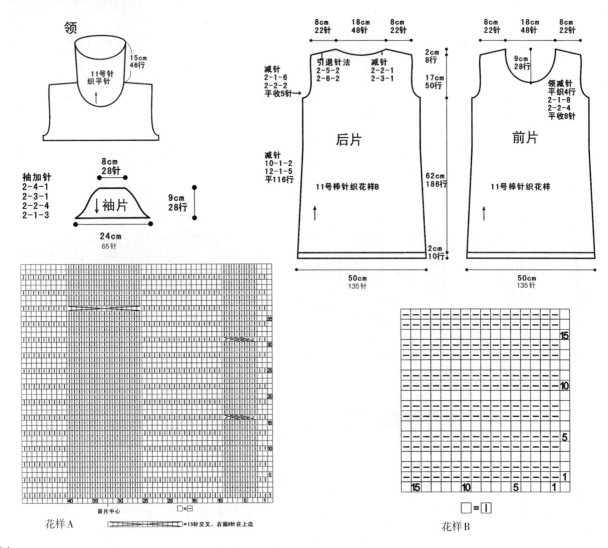

领

15cm
46行

11号针
织平针

袖加针
2-4-1
2-3-1
2-2-4
2-1-3

8cm
28针

↓袖片

9cm
28行

24cm
65针

8cm
22针　18cm
48针　8cm
22针

2cm
8行

引退针法
2-5-2
2-6-2

减针
2-2-1
2-3-1

减针
2-1-6
2-2-2
平收5针

17cm
50行

后片

减针
10-1-2
12-1-5
平116针

11号棒针织花样B

62cm
186行

2cm
10行

50cm
135针

8cm
22针　18cm
48针　8cm
22针

9cm
28行

领减针
平针4行
2-1-8
2-2-4
平收8针

前片

11号棒针织花样

50cm
135针

花样A

前片中心　　□=□　　=15针交叉，右面8针在上边

花样B

□=□

美丽无袖衫

【成品规格】衣长73cm　胸围84cm
【工具】11号棒针　12号棒针
【材料】米色毛线
【编织密度】10cm²：27针×30行
【制作说明】后片：起120针织8行单罗纹，平织
30行，收腰线，12行收1针收3次，8行收1针收
5次；然后平织至开挂。前身片：起60针，门襟
边为花样，前边织4针平针；织法同后片，领窝
不收针，平直织上去，长度为后片的一半；侧过
去与后片缝合。袖：挑出袖口针数，织4cm单
罗纹。

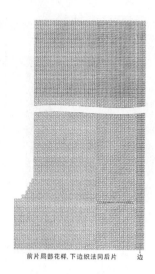

前片局部花样,下边织法同后片　边

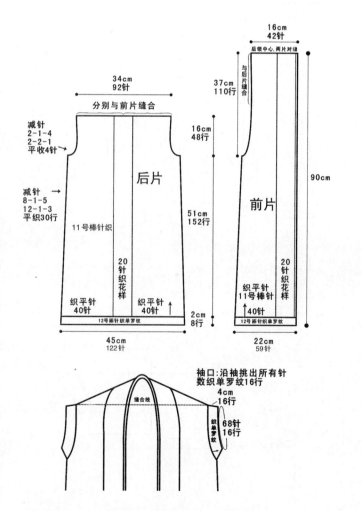

34cm
92针
分别与前片缝合

减针
2-1-4
2-2-1
平收4针

后片

减针
8-1-5
12-1-3
平织30行

11号棒针织

20针织花样

织平针
40针

织平针
40针

12号棒针织单罗纹

45cm
122针

16cm
42针
后领中心,两片对缝

37cm
110行
与后片缝合

16cm
48行

前片

51cm
152行

90cm

织平针
11号棒针

20针织花样

40行

2cm
8行

12号棒针织单罗纹

22cm
59针

袖口:沿袖挑出所有针
数织单罗纹16行

4cm
16行

缝合线

68针
16行

织单罗纹

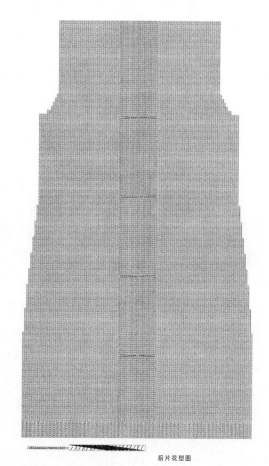

后片花型图

155

新意短袖衫

【成品规格】衣长73cm　胸围84cm
【工具】11号棒针
【材料】灰色毛线
【编织密度】10cm²：27针×30行
【制作说明】后片：起136针织12行双罗纹，上面织平针，如图示收腰线。前身片：起68针，连接门襟的一端织反针，另一侧织平针收针同后片。袖片：将袖口褶皱成自己想要的宽度，挑针织双罗纹4cm。门襟：整个衣服的亮点，沿边挑针织花样，织到想要的宽度即可。

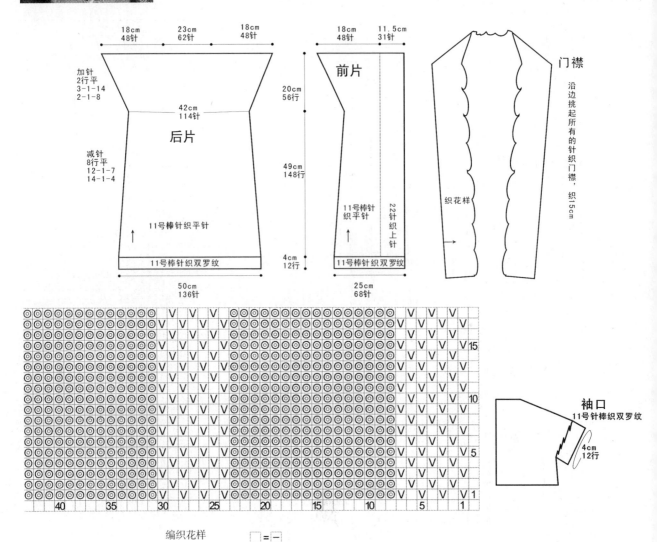

编织花样　　□=−

青春圆领短袖衫

【成品规格】衣长83cm　胸围84cm　袖9cm

【工具】11号棒针

【材料】卡其色毛线

【编织密度】10cm²：27针×30行

【制作说明】后片：起136针织双罗纹2cm为边，上面开始织花样B，以中心线在两侧对称收针。前片：织花样A，其余同后片。袖片：另起针织花样B。领：沿领窝挑针织领，织双罗纹4cm。

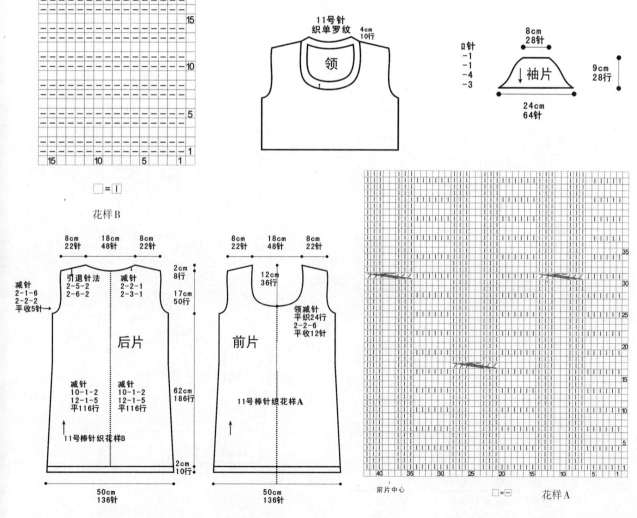

花样B

□＝Ⅰ

花样A

□＝⊟

前片中心

双排扣高领气质装

【成品规格】衣长83cm　胸围90cm　袖长56cm

【工具】12号棒针

【材料】中粗毛线　纽扣8粒　暗扣8粒

【编织密度】10cm²：27针×33行

【制作说明】后片：起126针织单罗纹，织63cm；开挂肩，先在两侧平收5针，2行收2针收3次，2行收1针收4次；平织至18cm收斜肩；织引退针，2行收4针收6次。前片：前片为双排扣样式开衫，横向编织，详见结构图。袖：从袖口往上织，袖山加针两侧各留5针为边针，在边针的一侧收针。领：领与前片同织，后片中心缝合。

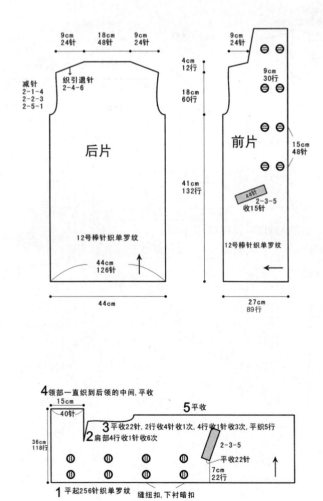

后片

9cm 24针　18cm 48针　9cm 24针

减针
2-1-4
2-2-3
2-5-1

织引退针
2-4-6

12号棒针织单罗纹

44cm 126针

44cm

前片

9cm 24针

4cm 12行

9cm 30行

18cm 60行

15cm 48针

41cm 132行

44针
2-3-5
收15针

12号棒针织单罗纹

27cm 89行

4 领部一直织到后领的中间，平收

15cm 40针

5 平收

3 平织22针，2行收4针收1次，4行收1针收3次，平织5行

2 肩部4行收1针收6次

2-3-5
平收22针

7cm 22行

36cm 118行

1 平起256针织单罗纹

缝纽扣，下衬暗扣

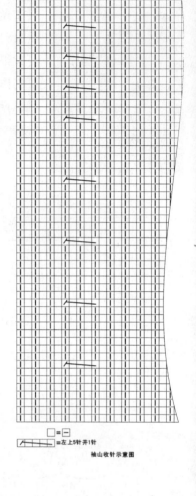

□＝□

左上5针并1针

袖山收针示意图

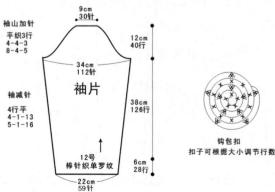

袖片

9cm 30针

袖山加针
平织3行
4-4-3
8-4-5

34cm 112针

12cm 40行

袖减针
4行平
4-1-13
5-1-16

38cm 126行

12号棒针织单罗纹

6cm 28行

22cm 59针

钩包扣
扣子可根据大小调节行数

158

风采俏丽翻领装

【成品规格】衣长83cm　胸围90cm　袖长56cm

【工具】10号棒针　12号棒针

【材料】中粗灰色毛线　纽扣6粒

【编织密度】10cm²：27针×33行

【制作说明】后片：起118针织9cm双罗纹，继续织平针，平织30行，收腰线，12行收1针收2次，8行收1针收4次，6行收1针收3次；然后开始加针，6行加1针加2次，8行加1针加4次，平织22行。前片：前片比平均宽度少4cm，织花样。口袋：另起针织口袋，缝合在前片。袖片：起30针，按图示加针织出袖山，然后织袖筒。门襟：门襟挑针横织双罗纹，宽门襟，双排扣。钩扣子，缝合各部位，完成。

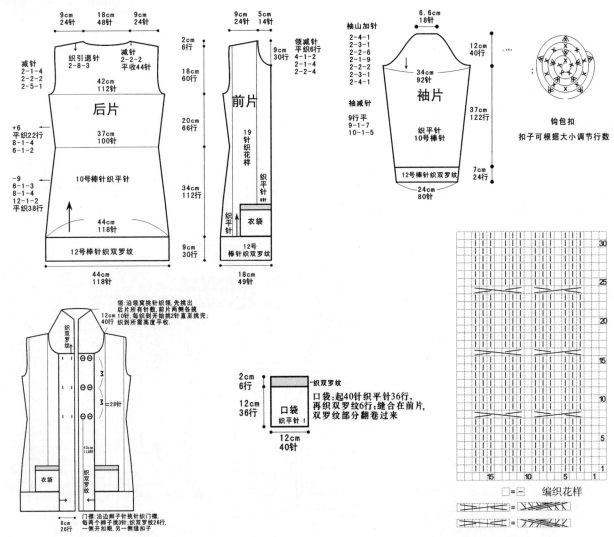

159

可爱长袖衫

【成品规格】：衣长73cm　胸围90cm　袖长56cm

【工具】13号棒针

【材料】中细铁灰色毛线　纽扣6粒

【编织密度】$10cm^2$：33针×36行

【编织要点】后片：起158针织2cm平对折成双层边，换针织平针，织172行平收；起146针织平针，织10行；开挂肩，先在两侧平收5针，2行收2针收2次，2行收1针收3次，4行收1针收1次；平织至18cm收斜肩，织引退针，2行收10针收3次；上下两片以中心打皱褶缝合。前片：前片基本织法同后片；门襟同前片同织。口袋：另起针织平针，织好缝合。袖片：袖分两部分织，上半部织平针，下边从缝合处挑针织花样。帽：沿领窝挑针织帽。用钩针钩饰扣，缝合所有部分，完成。

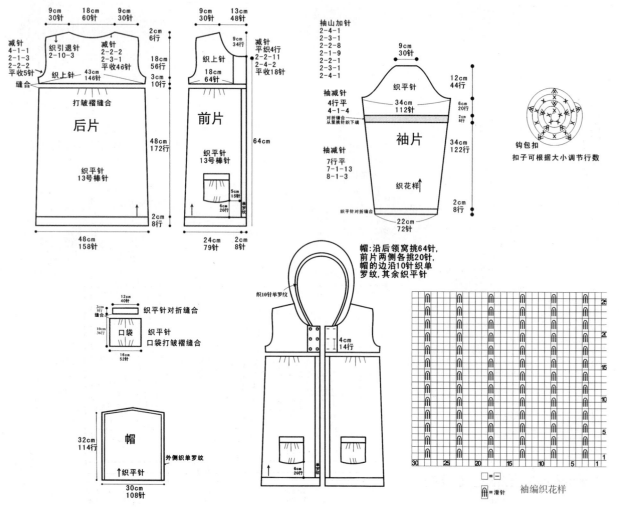

钩包扣
扣子可根据大小调节行数

后片

前片

袖片

帽：沿后领窝挑64针，前片两侧各挑20针，帽的边沿10针织单罗纹，其余织平针

口袋

帽

□ = $|$
袖编织花样

时尚长袖装

【成品规格】衣长73cm　胸围90cm　袖长56cm

【工具】13号棒针

【材料】中细铁灰色毛线　纽扣6粒

【编织密度】10cm²：33针×36行

【制作说明】后片：起158平针织2cm平针对折成双层边，换针织花样，织172行平收；起146针织平针，织10行；开挂肩，插肩袖，两侧平收4针，每4行收2针收13次；上下两片以中心打皱褶缝合。前片：前片基本织法同后片；门襟同前片同织。口袋：另起针织平针，织好缝合。袖：插肩袖灯笼袖样式，如图。领：先挑出后片和肩部，每织到前片挑织两针，直至挑完；再平织6行对折缝合成边。用钩针钩饰扣，缝合所有部分，完成。

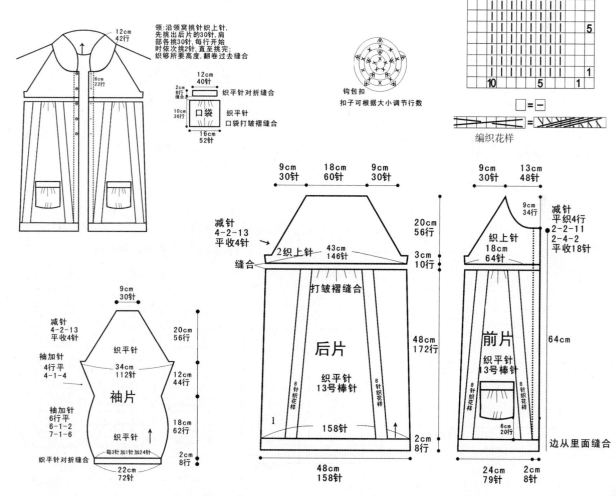

领：沿领窝挑针织上针.
先挑出后片的30针,肩
部各挑30针,每行开始
时依次挑2针,直至挑完.
织够所要高度,翻卷过去缝合

钩包扣
扣子可根据大小调节行数

□ = ⊟

编织花样

红色佳人衫

【成品尺寸】衣长65cm　胸围94cm　袖长26cm

【工具】2mm棒针

【材料】纯羊毛线

【编织密度】$10cm^2$：44针×53行

【制作过程】本款为开襟镂空毛衣，前片按图起针即编入花样A，后片分三片起针，织151行后三片合并编织，直至织完成。后片下摆另织2片三角形，在三角形中线分别与A、B缝合，形成自然垂下的飘带，袖子织好，整衣缝合。

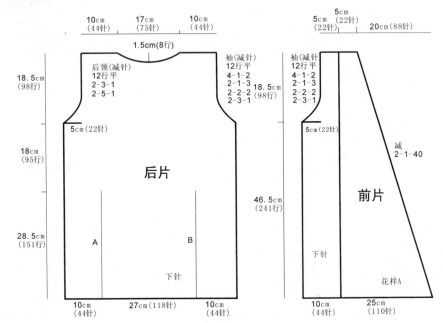

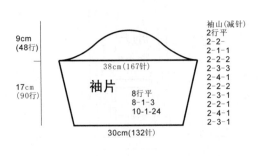

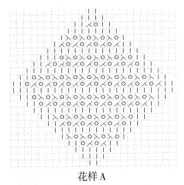

花样A

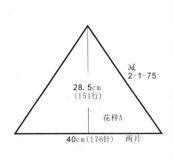

迷你风情无袖衫

【成品尺寸】详见结构图

【工具】13号棒针

【材料】紫色细开司米线

【编织密度】10cm²：44针×48行

【制作说明】二股线编织2片肩片、1片胸前片和胸后片、身片。起24针开始编织双罗纹针肩片，不加减针共编织46cm，收针断线。用同样方法完成另一片肩片及16cm的1片胸前片、1片胸后片。起472针编织花样身片，不加减针共编织50cm，收针断线。挑织门襟边位置的单罗纹针。沿肩片底部与胸前、后片缝合，再按图所示重叠前胸部位后沿边缝实，在缝合边缝实装饰带。

编织符号说明：

□=□ 下针　　□ 上针　　✂ 右上扭针的1针交叉

♀ 扭针　　○ 镂空针　　✂ 左上扭针的1针交叉

胸前后片

16cm
(76行)

6cm
(24针)

肩片

6cm
(24针)

46cm
(220针)

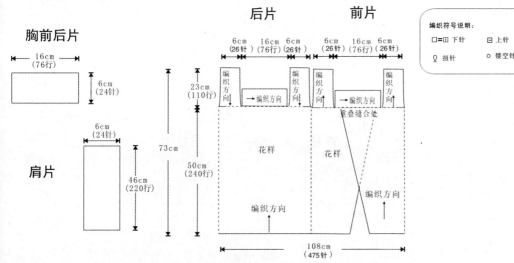

后片　　　前片

6cm 16cm 6cm　6cm 16cm 6cm
(26针)(76行)(26针)　(26针)(76行)(26针)

编织方向　→编织方向　编织方向　→编织方向　编织方向

重叠缝合处

花样　　花样

23cm
(110行)

73cm

50cm
(240行)

编织方向　　编织方向

108cm
(475针)

花样

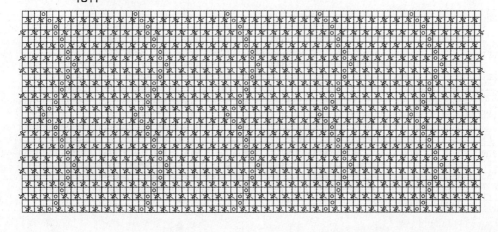

V领系带妩媚衫

【成品尺寸】详见结构图

【工具】13号棒针

【材料】深蓝色细开司米线

【编织密度】10cm²：44针×48行

【制作方法】二股线编织单片，衣服由1片上身片、1片下身片组成。起114针开始编织双罗纹针上身片，不加减针共编织72行后，中间留出14针，两侧减出后领窝，减完后不加减针分别编织到前上身片，共织46cm，收针断线。另起536针按花样编织完成下身片，不加减针共编织50cm，收针断线。首先固定后下身片中心点和后上身片中心，然后向两侧沿边对应缝实，在胸部前接缝处缝实装饰。

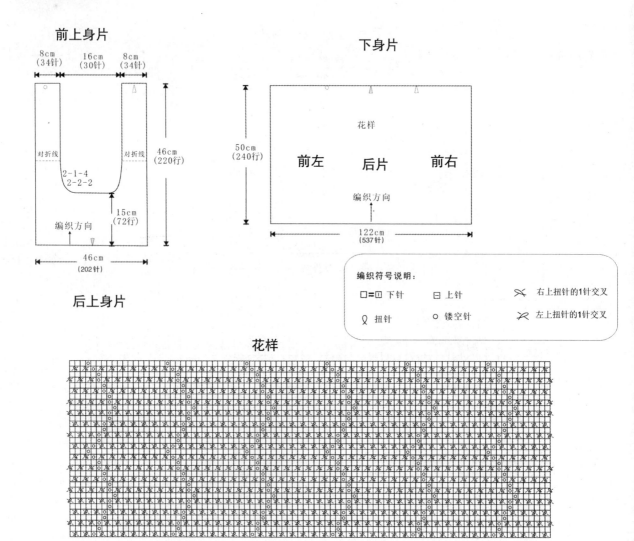

前上身片

下身片

8cm（34针）　16cm（30针）　8cm（34针）

对折线　对折线

46cm（220行）

2-1-4
2-2-2

编织方向

15cm（72行）

46cm（202针）

后上身片

花样

50cm（240行）

前左　后片　前右

编织方向

122cm（537针）

编织符号说明：

□=𝟙 下针　　　日 上针　　　⋉ 右上扭针的1针交叉

〇 扭针　　　○ 镂空针　　　⋌ 左上扭针的1针交叉

花样

花纹长袖装

【成品尺寸】衣长69cm　胸围94cm　袖长54cm

【工具】2mm棒针

【材料】纯羊毛线

【编织密度】10cm²：44针×53行

【制作过程】本款为一字领长袖毛衣，后片按图起针编入花样A，织80行后编入花样B。前片分左右两片起针编入花样A，织80行后编入花样B，织好后左右片缝合，前后片的上部为矩形，分别与前后片缝合，再缝合衣身和衣袖，口袋织好打折缝到衣身上。衣身图案可自行设计。

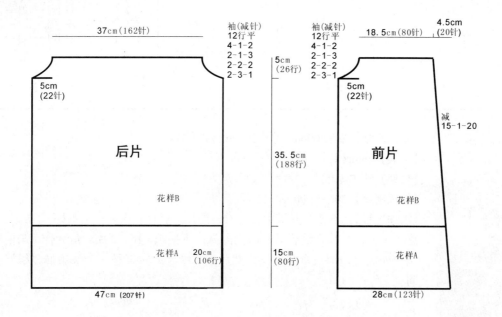

37cm(162针)

袖(减针)
12行平
4-1-2
2-1-3
2-2-2
2-3-1

袖(减针)
12行平
4-1-2
2-1-3
2-2-2
2-3-1

18.5cm(80针)　4.5cm(20针)

5cm(22针)

5cm(26行)

5cm(22针)

减
15-1-20

后片

前片

花样B

花样B

35.5cm(188行)

花样A　20cm(106行)

花样A

15cm(80行)

47cm(207针)

28cm(123针)

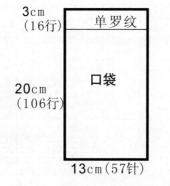

3cm(16行)　单罗纹

20cm(106行)　口袋

13cm(57针)

13.5cm(59针)

编织方向

单罗纹

37cm(196行)　两片

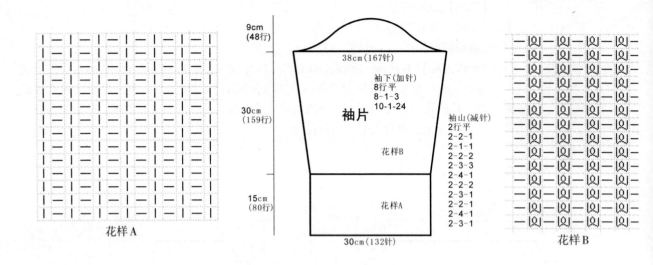

9cm
(48行)

38cm(167针)

袖下(加针)
8行平
8-1-3
10-1-24

袖片

袖山(减针)
2行平
2-2-1
2-1-1
2-2-2
2-3-3
2-4-1
2-2-2
2-3-1
2-2-1
2-4-1
2-3-1

30cm
(159行)

花样B

15cm
(80行)

花样A

30cm(132针)

花样A

花样B

系带浪漫衫

【成品尺寸】衣长69cm　胸围98cm　袖长44cm。

【工具】2mm棒针

【材料】纯羊毛线

【编织密度】10cm²：44针×53行

【制作过程】　本款为开襟中袖毛衣，前片、后片和衣袖按图织好，门襟为一个长矩形，织上针与前片缝合后，略向外翻。下摆织4片，2片对角缝合后与前后片下摆缝合处缝合，形成伞状下摆，然后整衣缝合，腰带是一个长矩形，织好后系于腰间。

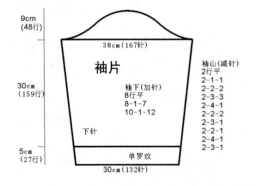

9cm
(48行)

38cm(167针)

袖片

袖下(加针)
8行平
8-1-7
10-1-12

袖山(减针)
2行平
2-1-1
2-2-2
2-3-3
2-4-1
2-2-2
2-2-1
2-4-1
2-3-1

30cm
(159行)

下针

5cm
(27行)

单罗纹

30cm(132针)

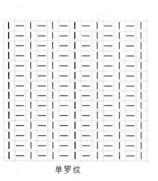

单罗纹

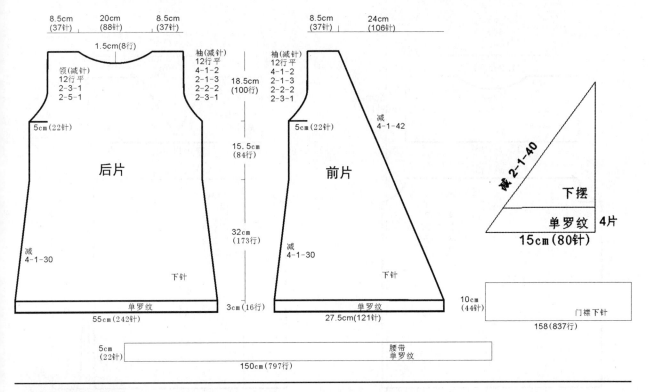

8.5cm (37针)　20cm (88针)　8.5cm (37针)

1.5cm(8行)

领(减针)
12行平
2-3-1
2-5-1

5cm(22针)

后片

减
4-1-30

下针

单罗纹

55cm(242针)

袖(减针)
12行平
4-1-2
2-1-3
2-2-2
2-3-1

18.5cm (100行)

15.5cm (84行)

32cm (173行)

3cm(16行)

8.5cm (37针)　24cm (106针)

袖(减针)
12行平
4-1-2
2-1-3
2-2-2
2-3-1

5cm(22针)

前片

减
4-1-42

减
4-1-30

下针

单罗纹

27.5cm(121针)

减 2-1-40

下摆

单罗纹　4片

15cm(80针)

10cm (44针)

门襟下针

158(837行)

5cm (22针)

腰带
单罗纹

150cm(797行)

前卫潮流长袖衫

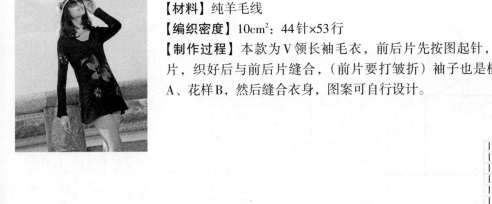

【成品尺寸】衣长65cm　胸围94cm　袖长54cm

【工具】2mm棒针

【材料】纯羊毛线

【编织密度】10cm²：44针×53行

【制作过程】本款为V领长袖毛衣，前后片先按图起针，织完成。上部为横织衣片，织好后与前后片缝合，（前片要打皱折）袖子也是横织，起198针编入花样A、花样B，然后缝合衣身，图案可自行设计。

8cm (35针)

编织方向

100cm(530行)

单罗纹

167

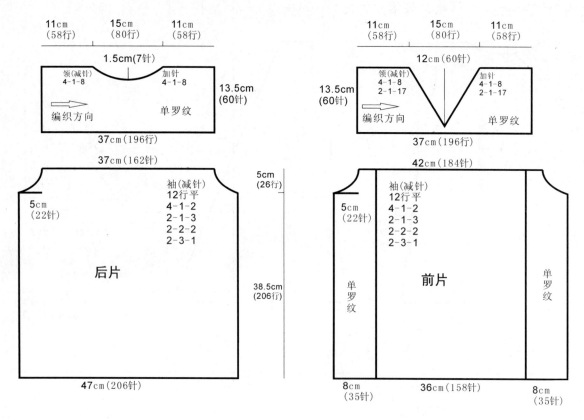

11cm
(58行)　　15cm
(80行)　　11cm
(58行)

1.5cm(7针)

领(减针)
4-1-8　　加针
4-1-8

13.5cm
(60针)

编织方向　　单罗纹

37cm(196行)

11cm
(58行)　　15cm
(80行)　　11cm
(58行)

12cm(60针)

领(减针)
4-1-8
2-1-17　　加针
4-1-8
2-1-17

13.5cm
(60针)

编织方向　　单罗纹

37cm(196行)

37cm(162针)

5cm
(26行)

5cm
(22针)

袖(减针)
12行 平
4-1-2
2-1-3
2-2-2
2-3-1

后片

38.5cm
(206行)

47cm(206针)

42cm(184针)

5cm
(22针)

袖(减针)
12行 平
4-1-2
2-1-3
2-2-2
2-3-1

单罗纹

前片

单罗纹

8cm
(35针)　　36cm(158针)　　8cm
(35针)

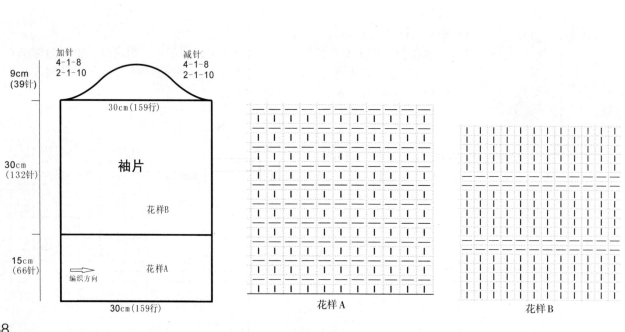

9cm
(39针)

加针
4-1-8
2-1-10　　减针
4-1-8
2-1-10

30cm(159行)

30cm
(132针)

袖片

花样B

15cm
(66针)

编织方向　　花样A

30cm(159行)

花样A

花样B

时尚高领短袖装

【成品规格】衣长73cm 胸围88cm 袖长56cm

【工具】12号棒针

【材料】中细紫色毛线

【编织密度】10cm²：33针×36行

【制作说明】后片：起146针织4cm平针，对折重合，开始织花样C，直到完成。前片：基本同后片，中心织交叉针。袖片：横向织花样，按图解织，注意两边花样的对称。口袋：另起针织口袋两个，分别缝合在前片。领：挑出领窝所有的针，织花样D15cm。

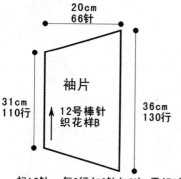

20cm
66针

31cm
110行

袖片

12号棒针
织花样B

36cm
130行

起12针，每2行加6针加9次，平织2行织到上面时则平体减针

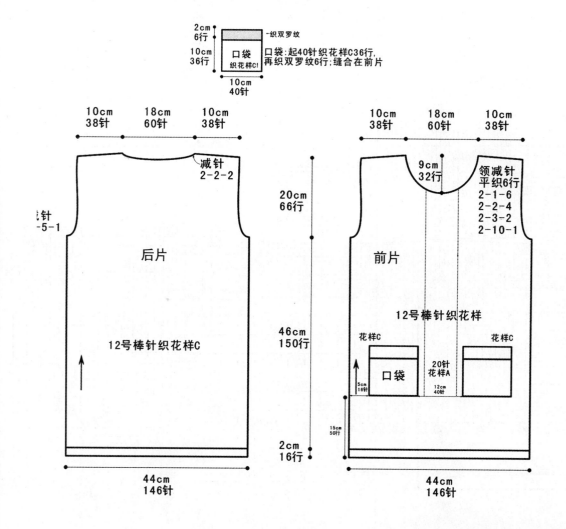

2cm
6行 — 织双罗纹

10cm
36行 口袋
织花样C

口袋：起40针织花样C36行，再织双罗纹6行；缝合在前片

10cm
40针

后片

10cm 38针   18cm 60针   10cm 38针

减针
2-2-2

针
-5-1

20cm
66行

后片

12号棒针织花样C

46cm
150行

2cm
16行

44cm
146针

前片

10cm 38针   18cm 60针   10cm 38针

9cm
32行

领减针
平织6行
2-1-6
2-2-4
2-3-2
2-10-1

20cm
66行

12号棒针织花样

花样C   花样C

口袋

5cm
16针

20针
花样A

12针
40针

15cm
50行

46cm
150行

2cm
16行

44cm
146针

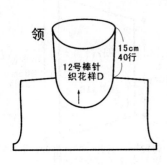

领

12号棒针
织花样D

15cm
40行

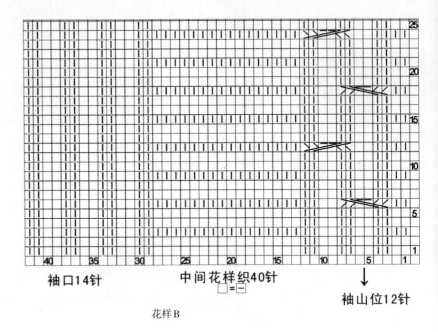

袖口14针　　　　　中间花样织40针　　　　　袖山位12针

□=─

花样B

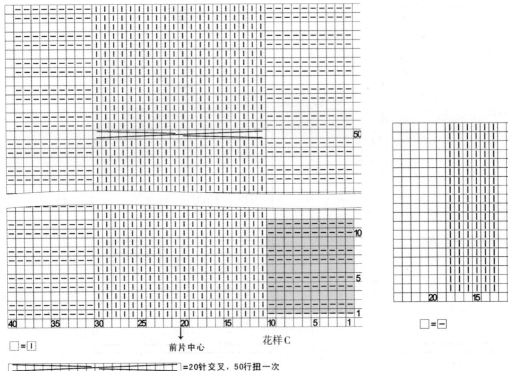

50

10

5

1

40　　35　　30　　25　　20　　15　　10　　5　　1

□=I

前片中心

花样C

=20针交叉，50行扭一次

花样A

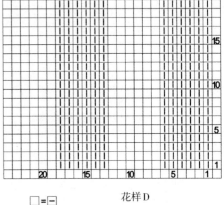

15

10

5

1

20　　15　　10　　5　　1

□=─

花样D

170